神奇的新材料

本书编写组 ◎ 编

SHENQI DE XIN CAILIAO

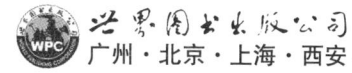

世界图书出版公司
广州·北京·上海·西安

图书在版编目（CIP）数据

神奇的新材料/《神奇的新材料》编写组编著. —
广州：广东世界图书出版公司，2010.2（2024.2重印）
　ISBN 978-7-5100-1612-7

Ⅰ. ①神… Ⅱ. ①神… Ⅲ. ①材料科学–青少年读物
Ⅳ. ①TB3-49

中国版本图书馆 CIP 数据核字（2010）第 024726 号

书　　名	神奇的新材料 SHENQI DE XINCAILIAO
编　　者	《神奇的新材料》编写组
责任编辑	王　琴
装帧设计	三棵树设计工作组
出版发行	世界图书出版有限公司　世界图书出版广东有限公司
地　　址	广州市海珠区新港西路大江冲 25 号
邮　　编	510300
电　　话	020-84452179
网　　址	http://www.gdst.com.cn
邮　　箱	wpc_gdst@163.com
经　　销	新华书店
印　　刷	唐山富达印务有限公司
开　　本	787mm×1092mm　1/16
印　　张	10
字　　数	120 千字
版　　次	2010 年 2 月第 1 版　2024 年 2 月第 12 次印刷
国际书号	ISBN　978-7-5100-1612-7
定　　价	48.00 元

版权所有　翻印必究

（如有印装错误，请与出版社联系）

前 言
PREFACE

在人类的历史长河中,新材料不断创造着人类新的生活。如果我们用材料的涌现及其技术对推动人类社会发展的作用来描述人类的历史,那么,自古至今,人类已经经历了旧石器时代、新石器时代、青铜时代、铁器时代、钢铁时代、高分子材料时代、复合材料时代等等,现代人类更是进入了一个以高性能材料为代表的多种材料并存的时代。可以说,新材料的使用不仅仅使生产力获得极大的解放,从而极大地推动了人类社会的进步,而且在人类文明进程中具有里程碑的意义。

那么何为"新材料"?显然,它包含着这样两个层面的含义:一是对传统材料的再开发,使其在性能上获得重大突破的材料;二是采用新工艺和新技术合成,开发出具有各种新的和特殊功能的材料。由此可以看出,新材料与新工艺、新技术有着密切的关系。

一方面,新工艺与新技术的使用不断地扩展了人类的技术手段,从而使人类更加充分地开发传统材料中的各种新的性能或功能,更重要的是,通过新的合成工艺与技术,使人类获得种类更多、性能更佳的材料,如纳米材料。另一方面,诸多具有特殊性能材料的涌现,推动了高新技术的快速发展。这一点,在现代社会表现得尤为突出。可以说,新材料已经成为高新技术的基础与先导。

在现代社会,新材料以及新材料中的高新技术正在为人类展开一个新世界的画卷。人类使用各种材料创造新的生活,建构新的世界。新的材料也正在为人类文明提供新的行为理念,建立起人类扩展自身生存与发展空间的信心。它的现代发展使一种材料从单一功能向多种功能发展,而且它使得人类超越自然界,实现了根据材料来设计产品,根据产品的需要,通过新的组成、结构和工艺设计来实现其所需功能的概念,也就是说,它的功能扩展正在向

着迎合人类在各个领域的需要而发展。由此，可以说，它已经成为人类从"自然王国"走向"自由王国"的动力源泉。

随着材料工程技术的迅猛发展，材料已经不仅在种类上得到拓展，而且在包括光、声、电、磁、力、超导、高塑，以及超强、超硬、耐高温等机能与性能上获得极大的扩展与深度发掘。此类新材料的出现，推进了高技术产品的智能化与微型化，从而极大地影响着人类的现代生活、社会结构与文化价值。

因此，作为一个现代人，了解我们生活中的新材料，这对于扩展我们的视野，提高我们的生活质量，显然是有必要的。

目 录

材料漫谈

材料的发展阶段 …………………………………………… 2
走进新材料世界 …………………………………………… 4
新材料与传统材料的差异 ………………………………… 6
新材料与现代生活 ………………………………………… 8
新材料技术与"绿色情结" ……………………………… 10

新型金属材料

铜合金 ……………………………………………………… 15
锌合金 ……………………………………………………… 16
钛合金 ……………………………………………………… 17
镁合金 ……………………………………………………… 18
铅锡合金 …………………………………………………… 19
记忆合金 …………………………………………………… 20
新型铝合金 ………………………………………………… 24
超塑性合金 ………………………………………………… 25
不锈钢 ……………………………………………………… 27
泡沫金属 …………………………………………………… 28
高强度钢材 ………………………………………………… 30

能源材料

储氢材料 …………………………………………………… 34

核材料 …… 37
高能推进剂 …… 39
太阳能电池材料 …… 40
碳纤维叶片 …… 44

智能材料

调温纤维 …… 48
变色纤维 …… 49
光敏纤维 …… 51
热敏纤维 …… 53
气敏材料 …… 55

生物医用材料

医用碳素材料 …… 58
人工晶体 …… 60
高吸水性树脂 …… 62
组织工程用纤维 …… 64
抗菌纤维面料 …… 66
防紫外线纤维 …… 66
远红外纤维 …… 67
芳香纤维 …… 70

高性能结构材料

耐火材料 …… 73
超硬材料 …… 75
电热涂料 …… 76
高强 PE 纤维 …… 77
芳纶纤维 …… 80
氟纶 …… 82
光导纤维 …… 84
弹力惊人的氨纶 …… 85

陶瓷材料 …………………………………………………… 87

新型建筑材料

低热和中热水泥 ………………………………………… 94
抗硫酸盐水泥 …………………………………………… 95
膨胀水泥 ………………………………………………… 96
耐火水泥 ………………………………………………… 97
彩色水泥 ………………………………………………… 97
防辐射水泥 ……………………………………………… 98
低辐射节能玻璃 ………………………………………… 98
有机玻璃 ………………………………………………… 99

五花八门的新材料

纳米材料 ………………………………………………… 104
绝缘材料 ………………………………………………… 109
超导材料 ………………………………………………… 111
稀土材料 ………………………………………………… 114
磁性材料 ………………………………………………… 116
新型塑料 ………………………………………………… 118
吸波材料 ………………………………………………… 124
太空材料 ………………………………………………… 127
信息材料 ………………………………………………… 129
先进复合材料 …………………………………………… 135
生态环境材料 …………………………………………… 144

材料漫谈
CAILIAO MANTAN

材料是人类用于制造物品、器件、构件、机器或其他产品的物质,是人类赖以生存和发展的物质基础。材料也是人类进化的标志之一,任何工程技术都离不开材料的设计和制造工艺,一种新材料的出现,必将支持和促进当时文明的发展和技术的进步。

传统材料是指那些已经成熟且在工业中已批量生产并大量应用的材料,如钢铁、水泥、塑料等。这类材料由于其量大、产值高、涉及面广泛,又是很多支柱产业的基础,所以又称为基础材料。

新材料是那些新近发展的或正在研发的、性能超群的一些材料,具有比传统材料更为优异的性能。而新材料技术是按照人的意志,通过物理研究、材料设计、材料加工、试验评价等一系列研究过程,创造出能满足各种需要的新型材料的技术。

20世纪70年代人们把信息、材料和能源誉为当代文明的三大支柱。20世纪80年代以高技术群为代表的新技术革命,又把新材料、信息技术和生物技术并列为新技术革命的重要标志。

材料的发展阶段

从人类的出现到21世纪的今天，人类的文明程度不断提高，材料及材料科学也在不断发展。在人类文明的进程中，材料大致经历了以下五个发展阶段。

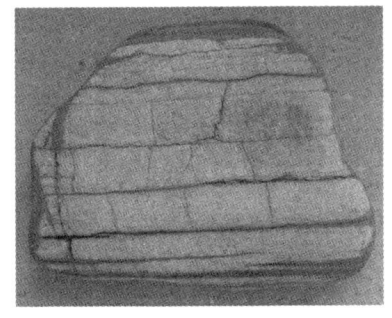

纯天然材料——甲骨

（1）使用纯天然材料的初级阶段。在远古时代，人类只能使用天然材料（如兽皮、甲骨、羽毛、树木、草叶、石块、泥土等），相当于人们通常所说的旧石器时代。这一阶段，人类所能利用的材料都是纯天然的。在这一阶段的后期，虽然人类文明的程度有了很大进步，在制造器物方面有了种种技巧，但是都只是纯天然材料的简单加工。

（2）人类单纯利用火制造材料的阶段。这一阶段横跨人们通常所说的新石器时代、铜器时代和铁器时代，也就是距今约1万年前到20世纪初的一个漫长的时期，并且延续至今。它们分别以人类的三大人造材料为象征，即陶、铜和铁。这一阶段主要是人类利用火来对天然材料进行煅烧、冶炼和加工的时代。例如人类用天然的矿土烧制陶器、砖瓦和陶瓷，以后又制出玻璃、水泥以及从各种天然矿石中提炼铜、铁等金属材料等等。

（3）利用物理与化学原理合成材料的阶段。20世纪初，随着物理和化学等科学的发展以及各种检测技术的出现，人类一方面从化学角度出发，开始研究材料的化学组成、化学键、结构及合成方法；另一方面从物理学角度出发开始研究材料的物

人造材料——铜

理性质,就是以凝聚态物理、晶体物理和固体物理等作为基础来说明材料组成、结构及性能间的关系,并研究材料制备和使用材料的有关工艺性问题。由于物理和化学等科学理论在材料技术中的应用,从而出现了材料科学。

在此基础上,人类开始了人工合成材料的新阶段。这一阶段以合成高分子材料的出现为开端,一直延续到现在,而且仍将继续下去。人工合成塑料、合成纤维及合成橡胶等合成高分子材料的出现,加上已有的金属材料和陶瓷材料(无机非金属材料)构成了现代材料的三大支柱。除合成高分子材料以外,人类也合成了一系列的合金材料和无机非金属材料。超导材料、半导体材料、光纤等材料都是这一阶段的杰出代表。

从这一阶段开始,人们不再是单纯地采用天然矿石和原料,经过简单的煅烧或冶炼来制造材料,而且能利用一系列物理与化学原理及现象来创造新的材料。并且根据需要,人们可以在对以往材料组成、结构及性能间关系的研究基础上,进行材料设计。使用的原料本身有可能是天然原料,也有可能是合成原料,而材料合成及制造方法更是多种多样。

(4)材料的复合化阶段。20 世纪 50 年代金属陶瓷的出现标志着复合材料时代的到来。随后又出现了玻璃钢、铝塑薄膜、梯度功能材料以及最近出现的抗菌材料的热潮,都是复合材料的典型实例。它们都是为了适应高新技术的发展以及人类文明程度的提高而产生的。到这时,人类已经可以利用新的物理、化学方法,根据实际需要设计独特性能的材料。

现代复合材料最根本的思想不只是要使两种材料的性能变成 3 加 3 等于 6,而是要想办法使他们变成 3 乘 3 等于 9,乃至更大。严格来说,复合材料并不只限于两类材料的复合。只要是由两种不同材质组成的材料,都可以称为复合材料。

(5)材料的智能化阶段。自然界中的多数材料具有自适应、自诊断和修复的功能。如动物或植物能在没有受到绝对破坏的情况下进行自诊断和修复。人工材料目前还不能做到这一点。但是近三四十年研制出的一些材料已经具备了其中的部分功能。这就是目

智能材料——光致变色玻璃

前最吸引人们注意的智能材料，如形状记忆合金、光致变色玻璃等等。尽管近10年来，智能材料的研究取得了重大进展，但是离理想智能材料的目标还相距甚远，而且严格来讲，目前研制成功的智能材料还只是一种智能结构。

如上所述，在20世纪中，材料经历了五个发展阶段中的三个阶段，这种发展速度是前所未有的。总的来说，20世纪材料科学的发展有以下几个特点：超纯化（从天然材料到合成材料）、量子化（从宏观控制到微观和介质控制）、复合化（从单一到复合）及可设计化（从经验到理论）。当前，高技术新材料的发展日新月异，材料科学的内涵也日益丰富，将来会出现什么样的高技术材料？材料科学又将发展到何种程度？我们很难预料。

梯度功能材料

梯度功能材料（FGM）的概念是由日本新野正之与平井敏雄等学者于1986年首先提出的，它是指材料的组成和结构从材料的某一方位向另一方位连续地变化，使材料的性能和功能也呈现梯度变化的一种新型的功能性材料。现已制备出许多体系的梯度功能材料，Ti/Al_2O_3是其中的典型代表。

Ti/Al_2O_3既具有金属Ti的优良性能，又具有Al_2O_3陶瓷的良好的耐热、隔热、高强及高温抗氧化性，同时由于中间成分的连续变化，消除了材料中的宏观界面，整体材料表现出良好的热应力缓和特性，使之能在超高温、大温差、高速热流冲击等环境条件下使用，可望用做新一代航天飞机的机身、燃烧室内壁，还可以为涡轮发动机、高效燃气轮机等提供超高温耐热材料。

走进新材料世界

大家都知道，在漫长的原始社会中，人类经历了石器时代、铜器时代、铁器时代等几个历史阶段。人类文明史的发展阶段，居然用制作器具的石、铜、铁等材料来加以区分。这足以说明，材料对于人类文明进程有重大意义。人们还常把"衣、食、住、行"概括为生活中的四项基本需求，即使我们暂

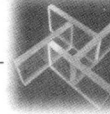

材料漫谈

时不把人们的食物算作"材料",那么,至少其他三项,即衣、住、行都和材料有着极密切的关系。试想,人们穿戴的衣裤鞋帽、居住的房屋建筑、赖以出行的交通工具,哪一件不由材料制作,哪一样不依赖材料的优良性能而提高其质量呢?可见,在纵观历史、横看生活以后,我们不能不说,材料对于人类文明的发展、对于人们生活的质量具有重要意义。

工业革命后的材料是金属的天下

工业革命以后,材料世界里扮演主角的是金属,配角则有木材、橡胶、水泥和玻璃等等。20世纪里,高分子材料塑料迅速崛起,渗透到人类生活的所有领域,已经毫不含糊地分占了金属的半壁江山。那么,在21世纪里,情况又将是怎样呢?

目前,科学家已经开始能在分子甚至原子水平上重新组合新物质,这意味着材料科学正举步跨向一个全新的时代。近年来显露头角的几种新材料,像初春河岸刚刚抽芽的柳枝,远看已连成一片似有似无的鹅黄嫩绿,而不久后将随风摇荡的密叶浓枝,正是我们可以遥想的未来那绚丽多彩的新材料世界。

新材料是指新近发展的或正在研发的、性能超群的一些材料,具有比传统材料更为优异的性能。新材料技术则是按照人的意志,通过物理研究、材料设计、材料加工、试验评价等一系列研究过程,创造出能满足各种需要的新型材料的技术。

新材料技术领域的开发

随着科学技术发展,人们在传统材料的基础上,根据现代科技的研究成果,开发出新材料。按材料性能分,有结构材料和功能材料。结构材料主要是利用材料的力学和理化性能,以满足高强度、高刚度、高硬度、耐高温、耐磨、耐蚀、抗辐射等性能要求;

功能材料主要是利用材料具有的电、磁、声、光、热等效应，以实现某种功能，如半导体材料、磁性材料、光敏材料、热敏材料、隐身材料和制造原子弹、氢弹的核材料等。

新材料在国防建设上作用重大。例如，超纯硅、砷化镓研制成功，导致大规模和超大规模集成电路的诞生，使计算机运算速度从每秒钟几十万次提高到现在的每秒钟百亿次以上；航空发动机材料的工作温度每提高100 ℃，推力可增大24%；隐身材料能吸收电磁波或降低武器装备的红外辐射，使敌方探测系统难以发现；等等。

21世纪科技发展的主要方向之一是新材料的研制和应用。新材料的研究是人类对物质性质认识和应用向更深层次的进军。

砷化镓

砷化镓是一种重要的半导体材料，属闪锌矿型晶格结构，熔点1237 ℃。砷化镓于1964年进入实用阶段。砷化镓可以制成电阻率比硅、锗高3个数量级以上的半绝缘高阻材料，用来制作集成电路衬底、红外探测器、γ光子探测器等。可以用于制作转移器件——体效应器件。砷化镓是半导体材料中，兼具多方面优点的材料，但用它制作的晶体三极管的放大倍数小，导热性差，不适宜制作大功率器件。

砷化镓可在一块芯片上同时处理光电数据，因而被广泛应用于遥控、手机、DVD计算机外设、照明等诸多光电子领域。

另外，因其电子迁移率比硅高6倍，砷化镓成为超高速、超高频器件和集成电路的必需品。它还被广泛使用于军事领域，是激光制导导弹的重要材料，曾在海湾战争中大显神威，赢得"砷化镓打败钢铁"的美名。

新材料与传统材料的差异

传统材料是可以用来直接制造有用物件、构件或器件的物质。其形态可

材料漫谈

以是固体、液体、气体。

新材料是指新出现的或正在发展中的、具有传统材料所不具备的优异性能和特殊功能的材料；或采用新技术（工艺，装备），使传统材料性能有明显提高或产生新功能的材料。一般认为满足高技术产业发展需要的一些关键材料也属于新材料的范畴。

"传统材料产业"主要包括：①纺织业；②石油加工及炼焦业；③化学原料及化学制品制造业；④化学纤维制造业；⑤橡胶制品业；⑥塑料制品业；⑦非金属矿物制品业；⑧黑色金属冶炼及压延加工业；⑨有色金属冶炼及压延加工业；⑩金属制品业；⑪医用材料及医疗制品业；⑫电工器材及电子元器件制造业。

"新材料产业"包括新材料及其相关产品和技术装备。具体涵盖：新材料本身形成的产业、新材料技术及其装备制造业、传统材料技术提升的产业等。与传统材料相比，新材料产业具有技术高度密集、研究与开发投入高、产品的附加值高、生产与市场的国际性强以及应用范围广、发展前景好等特点，其研发水平及产业化规模已成为衡量一个国家经济、社会发展、科技进步和国防实力的重要标志，世界各国特别是发达国家都十分重视新材料产业的发展。

有色金属

狭义的有色金属又称非铁金属，是铁、锰、铬以外的所有金属的统称。广义的有色金属还包括有色合金。有色合金是以一种有色金属为基体（通常大于50%），加入一种或几种其他元素而构成的合金。

有色合金的强度和硬度一般比纯金属高，电阻比纯金属大、电阻温度系数小，具有良好的综合机械性能。常用的有色合金有铝合金、铜合金、镁合金、镍合金、锡合金、钽合金、钛合金、锌合金、钼合金、锆合金等。

有色金属可分为：重金属，一般密度在 $4.5g/cm^3$ 以上，如铜、铅、锌等；轻金属，密度小（$0.53 \sim 4.5g/cm^3$），化学性质活泼，如铝、镁等；贵金属，地壳中含量少，提取困难，价格较高，密度大，化学性质稳定，如金、银、铂等；稀有金属，如钨、钼、锗、锂、镧、铀等。

新材料与现代生活

材料与能源一起为人类的生活提供了最基本的保障。

新材料在种类上的扩展和功能上的发掘，为工业经济的持续发展提供了必不可少的支持，从而极大地推动了人类社会的发展。然而现时代，随着新工艺与新技术的迅速发展，材料与能源技术对于现代生活的影响远不止于此。

首先，新材料技术正在创造人类的个性化生活方式和生活理念。

20世纪以来，新材料的使用改变着人类的生活习惯与生活方式。新的合成纤维的出现，使人类超越自然纤维单一途径获取更加丰富多彩的纺织品和服装；具有各种特殊功能的合成洗涤剂，使人类的生活更加清洁；新的建筑材料的出现，为人类创造了更加美观而舒适的居住条件，并且新材料与新工艺的使用使人类的居住得以向空间发展，从而缓解了人口快速增长带来的社会压力，特别是通过少占土地的途径降低成本，为贫困人口提供了经济适用的居

液态天然气烹调食品更方便

住条件。新材料技术促进了交通运输条件的改善，它使得火车与飞机更加快捷，而汽车则为人类的个性化生活提供了前提条件。生物材料为人类提供了新的医疗手段，同时也为人类提供了新的健康概念。信息材料的发展，丰富了人类的通信手段，改变着人们的交流方式，而且深刻地影响着人类的生活方式，它不仅使人们能够在现实空间，而且能够在虚拟空间里创造自己的个性化生活。新材料技术为人类的航空航天事业提供了前提条件，为人类实现拓展生存空间和消解人类孤独提供可能的机会。

现代社会，新材料使人类的生活更加个性化，它不仅从物质方面扩展了人们根据实际需要和生活习惯选择个人行为方式的空间，而且也为人类的精神追求提供了更多的选择途径。新材料技术为保存已有文化——如发掘与保

护文物——提供新的质料与手段,同时,它为人类开拓新的精神世界,创造新的艺术形式提供多种可能,从而使人类对美的追求与鉴赏更加多样化与个性化。它通过新的手段突破原有空间与时间极限,从而使人类在不断扩展的时间与空间中丰富和扩展着自己的精神世界。

其次,新材料技术已经成为一个国家工业水平与技术能力的重要标志。

经济是促进社会发展不可缺少的动力源泉,而材料是支撑工业生产与工业技术的物质基础。不仅如此,在现代社会的经济生活中,诸多高新技术产品都是与新材料技术的发展密切相关。新材料技术已经成为一个国家工业水平与技术能力的一个十分重要的标志。

在现代经济结构中,新材料技术在国家发展中的战略意义是不容忽视的。在材料技术领域,高温结构材料、多功能材料、超导材料、激光材料、生物材料等高性能材料的开发与利用已经获得突飞猛进的发展。材料技术为航空、航天工业提供了强度更高、刚性更好、质量更轻的新型材料;先进陶瓷材料极大地扩展了它的应用范围和领域,从而使它成为未来工业重要的原材料。

据专家估计,用陶瓷材料替代金属材料制作发动机部件,将使发动机耗油量减少30%以上;电子信息材料的发展促进了信息产业的发展,使信息产业成为许多国家的支柱性产业;超导材料实现了陶瓷无机材料的无电阻状态,而超导技术的广泛应用使许多方面发生着飞跃式的发展;激光和光导纤维材料技

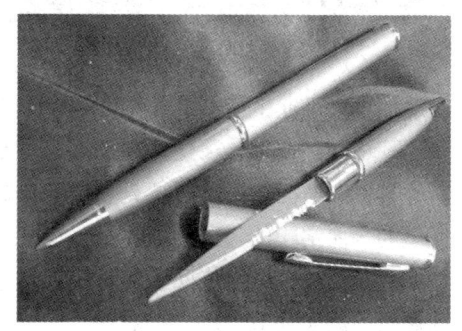

多功能材料之多功能笔刀

术的发展,正在把人类带入光通信的时代;生物材料为人类提供了新的医疗手段,并且创造着人类健康新概念;而纳米技术则通过对原有各类材料进行纳米级结构单元的重组,极大地改进了原有材料的性能与功能。由此可见,新材料技术已经成为推进一个国家产业升级、影响产业结构变化的重要因素,新材料的开发与利用也正在成为一个国家重要的支柱性产业。新材料技术虽然是一个高投入的领域,但它同时也是一个具有高回报率的领域,因此,许多国家都将开发先进材料置于其优先发展的重点项目。

最后,新材料技术对国际政治格局和人的政治生活的影响。

材料对一个国家的军事和经济实力具有重要意义，因此，各国政府都把在材料技术领域占据领先位置作为国家的战略选择。新材料技术的重要作用，从海湾战争到阿富汗反恐战争已经做出了最好的诠释。可以说海湾战争实际上就是一场高新技术的展示与对抗。谁在高新技术方面领先，谁就在战争中占据主导的地位。而这些高技术武器无不以各种高性能、多功能材料为基础。

材料技术对于人的政治生活影响，最集中地体现在环境问题和技术安全问题上。随着人们环保意识的增强，环境状况逐渐成为人们对政府的态度或信任程度以及个人行为选择的重要指标或影响因素。而技术安全问题，最典型的例子是受美国三里岛核事故和苏联切尔诺贝利核事故的影响，在西方国家，核能安全问题已经成为公众关注的焦点。对核能安全的焦虑引发了公众大规模的反抗运动，而且公众日益强烈的反抗浪潮已经使得世界核电工业受到极大限制。

新材料技术与"绿色情结"

随着大工业生产带给人类生存环境越来越严重的污染，20世纪60年代以来，环境问题作为一项全球性问题日益受到国际社会的普遍关注。1972年6月5日，联合国在瑞典斯德哥尔摩召开的人类环境会议，标志着人类对环境问题的全面觉醒。与此同时，一批绿色先驱性著作的问世，更是对随之而来的绿色运动起到了推波助澜的作用。50多年来，人类在不断提高环境质量方面做出了巨大的努力。

应当说，这种努力是真诚的。今天，"绿色"概念已经前所未有地渗透于人类社会的各个领域，广泛而深刻地影响着人类的思维方式与行为选择。人类对"可持续发展"理念的不懈追求凝聚着人类越来越浓重的"绿色情结"。

追溯绿色运动的经典作品，我们不难发现，"技术介入人类环境的影响"从一开始即是人类反思生态与环境问题中备受关注的关键问题。例如，围绕芭芭拉·沃德与勒内·杜博斯为联合国人类环境会议提供的一份非正式报告——《只有一个地球》，"技术介入人类环境的影响"成为关注的重点问题。一些专家提出：高能量、高收益技术的使用是对生态带来最大破坏与损害的原因，因为它们的优点往往由于强调效率而过分地被夸大。而把能量视

为获得基本经济成就的关键,将使公民的财富和选用品得到无可比拟的增加。

在《小的是美好的》这部经典著作中,对技术带给人类环境影响的探讨更为集中而深刻,在这里,舒马赫强调了对现代性技术哲学或技术文化造成的后果的反思。他明确指出,造成环境后果的原因,除了人类在文化、价值上的迷失外,技术哲学的僵化和单一化是一个更为现实和直接的原因。它导致了这样一种情景:本来仅适应工业经济这样一种经济形态的技术发展逻辑变成了世界惟一的技术发展逻辑,实验室的技术产生方式变成了惟一的技术产生方式。由此,人类在跨入工业文明前几千年的漫长历史生涯中所形成的各种技术追求方向和评价逻辑,多种技术文明方式与技术孕育途径便被无情地扼杀了。它造成了技术哲学上或技术文化上的一种工业文明殖民主义与霸权主义,造成了世界生机勃勃的多元化技术追求变成单一化追求。其后果必然是,本来只是一种技术哲学的弊端,却变成了全人类必须吞食的苦果。因为任何还不具备这种技术存在前提的民族都要为这种技术的获得而支付巨大的代价。

巴里·康芒纳在他的《封闭的循环》一书中着重探讨了工业技术的内在缺陷以及由此带来的生态与环境问题。他指出,人们常常用人口与富裕这样两种增长因素作为污染加剧的原因,但是,经济增长这个事实并不能够告诉我们关于可能存在的环境后果。因此,我们需要进一步理解:经济是如何增长的?经济增长为什么会造成污染?为此,康芒纳详细探讨了战后美国经济增长的动因后指出,从每一项具体例子可以看出,发生剧烈变化的实际上不是整个经济商品的产量,而是生产技术。也即是说,技术的发展与变化是美国战后经济增长的主要或根本动因。由于工业经济一直是以对自然资源的不断攫取来实现其增长的目标,而技术正是实现这一经济目标的有效工具,由此也就决定了工业经济中的技术模式。而当经济增长越来越依赖于技术时,技术在现代社会也就获得了一种相对独立的地位,成了一种自主的力量,"它把一个遵循着其本身规律的世界变得无所不收,使这个世界抛弃了一切传统"。现代人类不断膨胀的消费需求是由一种建立在现代技术上的经济所保障的,因此,所有这些"进步"都在极大地增加着对环境的影响。

对技术哲学或技术变化以及工业技术模式的深刻反思,是人类探讨日益严重的生态与环境问题的一个重要的组成部分。而40多年来,对技术本身的反思也推动了现代技术的深刻变化,影响着技术的发展方向与技术结构的转型。

正是在这个背景下,"绿色"概念正在嵌入新材料与新能源技术的开发与利用活动之中。这一点首先在日常生活中已经越来越多地被人们所感受到:"绿色"话语越来越多地出现在商业广告中,说明它作为一种重要的品牌标志已经获得商家和消费者的认可;人们越来越注重采用环保材料创造绿色的家居环境,并且越来越多的人用天然气取代煤来烹饪食品和取暖;人们将节能概念注入自己的个人生活,节能不再是吝啬的表现,而成为追求绿色生活的具体体现。绿色正在悄然改变人们的消费观念与行为。

与此同时,新材料的研发与工业利用也正在显现出一种绿色指向下的技术途径与战略选择。新材料技术对传统材料在性能上的深度发掘,不仅增加了它的使用功能,而且增强了材料的耐用性,从而为节约自然资源提供了可能的途径。新材料技术也正在发生着技术结构的改变,它不仅包括为社会提供多功能的和具有特殊功能的合成材料(产品),而且将对材料的后处理或可再利用技术纳入技术的范畴。更重要的是,新材料未来发展更加体现了环保的概念,比如,对生物(或环境)的相容性和生物(或环境)感性材料、高效率能量转换材料和低能量浓集材料等的开发,已经引起更多的关注。

绿色观念在深入人心

经过40多年的努力,保护环境、保护共同的家园已经成为人类的共识。然而,尽管人类在解决生态与环境问题方面已经和正在做出切实的努力,尽管科学家和工程技术人员为保护环境已经和正在提供某些必要的技术手段和技术措施,但是,我们不能不承认这样一种事实:人类正处于生态日益遭到破坏、环境日益恶化的境地。21世纪,生态与环境问题仍然是人类不能不认真面对的严峻问题。正由于此,我们需要在生态与环境问题框架下,对新材料技术做深入的探讨,并且以"绿色"作为发展的价值取向,在新材料技术的发展方面做出实实在在的努力。

随着材料技术的飞速发展和它对人类生活方式与生产方式产生越来越深刻的影响,人类关于它所具有的价值及所产生的后果的认识,已经不能仅仅从其工程技术本身来获得,而必须将其置于一个更加复杂的系统——人类和

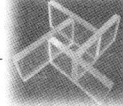

社会环境中来把握。

然而，当我们将技术置于人类和社会环境这样一个复杂的系统中对技术做出选择时，我们就面临了一个十分复杂的关系问题，即由于不同社会群体利益的不同，技术结果必然引发的不同社会群体之间的利益冲突，那么现代社会如何在满足不同利益需求间找到适当的均衡点，从而最大限度地实现技术造福于人类的社会理想？目前，这种由技术引发的利益冲突已经日益成为伦理学家、社会学家、政治学家等特别关注的问题，成为政策研究者和决策者不能不认真面对的伦理问题。

将技术置于人类与社会环境系统中加以思考，伦理问题重新成为现代社会关注的焦点，表明现代人类在技术选择方面的道德觉醒。但是，面对具体的现实问题，这的确是一个十分棘手的伦理选择。因为在现实选择中，人们不得不面对社会这个复杂系统引发的种种伦理困境，而解决各种困境或针对各种现实选择具有普遍性的行为伦理理论，目前没有，而且将来也不可能出现。

但是，我们并不是说现代人类面对种种伦理困境将无能为力。人类的道德遗产和伦理学的现代发展，为人类的伦理选择或伦理决策提供了各种指导性概念或伦理原则，甚至是各种可操作的伦理程序，如依据功利主义原则与方法的利弊分析等。鉴于此，现代人类所面临的一个重要问题是，面对现代技术的快速发展，面对技术表现出的对于人类与社会环境愈来愈强的、自主性的、革命性力量这一新的事实，我们将如何运用已有的伦理原则或规则指导技术选择中的伦理行为？因此，在人类和社会环境系统中的技术选择问题框架下，深入探讨"公正原则下的技术选择"这一概念的意义。

以承认技术的结果将给不同社会集团带来不同利益或造成损害，甚至引发不同社会集团间利益冲突为前提，公正原则下的技术选择至少涉及了这样两个方面的伦理内容：

一是对同时代的关注。它包括关注个人与群体之间和不同群体之间的利益关系问题。针对材料与能源技术，我们更加关注不同群体之间的利益关系问题。如在国家（或民族）层面上，存在着强势国家或民族（如富国）与弱势国家或民族（如穷国）间的利益冲突，在社会层面上，存在着不同社会群体间的利益关系，尤其是强势社会群体（如富人）与弱势社会群体（如穷人）间的利益关系问题。根据公正的原则，在保障整个人类发展的前提下，

现代社会的技术选择应当更加重视保护弱势群体的利益,也就是说,技术选择还应当体现对弱势群体的特别关怀。因为世界性或区域性两极分化的加深,不仅将加大全球性或区域性反贫困的压力,抑制全球新的经济增长机会的生成,而且它更是现时代世界动荡不安、冲突不断的重要根源。

二是对不同时代内容的关注。现时代的生态危机不但给现代人带来灾难,而且会危及后代来探讨环境问题。我们不但要调整现代人之间的各种利益关系,而且还应当调整好不同时代人之间的各种利益关系。因此,现代人类的技术选择就应当是符合可持续发展(不仅维护现代人利益而且维护子孙后代利益)的伦理选择。为后代人创造一个良好的生存空间是我们现代人不可推卸的责任。正是在这个意义上,现代人的技术选择,就不能单凭技术性的论据,还应当依据经济的、政治的、伦理的、文化的等论据。在公正原则指导下,对诸多论据进行系统的因果分析。而且,技术选择也不仅仅是科学家、工程技术专家和决策者的事情,还需要社会各界公众的广泛参与。技术决策的民主化必将成为现代人类文明的重要内容。

《小的是美好的》介绍

该书是英国知名的经济学者和企业家舒马赫的代表作,他出任过英国驻德管制委员会的经济顾问,在1950年至1970年担任英国国家煤炭局的局长,也是适用于发展中国家的中间技术概念的原创者,曾担任斯科特·巴德公司的总裁。

这是一本直指心灵、饱含希望并对未来彻悟的书,是世界经济学最具启发性和颠覆性的论述,其论点切中时弊,历久弥新。在作者眼中,西方世界引以为傲的经济结构,不外乎个人追求利润及进步,从而使人日益专业化,使机构成为庞然大物,带来经济的无效率、环境的污染、非人性的工作环境。

作者因提倡中间技术,以小巧的工作单元及善用当地人力与资源的地区性工作场所等基础观念,为经济学带来全新的思考方向。

新型金属材料
XINXING JINSHU CAILIAO

人类文明的发展和社会的进步同金属材料关系十分密切。继石器时代之后出现的铜器时代、铁器时代，均以金属材料的应用为其时代的显著标志。现代，种类繁多的金属材料已成为人类社会发展的物质基础。金属材料通常分为黑色金属、有色金属和特种金属材料。

黑色金属又称钢铁材料，含铁90%以上的工业纯铁，含碳2%~4%的铸铁，含碳小于2%的碳钢，以及各种用途的结构钢、不锈钢、耐热钢、高温合金、精密合金等。

有色金属是指除铁、铬、锰以外的金属及其合金，通常分为轻金属、重金属、贵金属、半金属、稀有金属等。

特种金属材料是指不同用途的结构金属材料和功能金属材料。其中有通过快速冷凝工艺的非晶态金属材料，以及准晶、微晶、纳米晶金属材料等；还有隐身、抗氢、超导、形状记忆、耐磨、减振等特殊功能合金，以及金属基复合材料等。

▮▮ 铜合金

纯铜呈紫红色，故又称紫铜，有极好的导热、导电性，其导电性仅次于

铜合金

银而居金属的第二位。铜具有优良的化学稳定性和耐蚀性能,是优良的电工用金属材料。

工业中广泛使用的铜合金有黄铜、青铜和白铜等。

铜与锌的合金称黄铜,其中铜占60%～90%、锌占40%～10%,有优良的导热性和耐腐蚀性,可用作各种仪器零件。再如在黄铜中加入少量锡,称为海军黄铜,具有很好的抗海水腐蚀的能力。在黄铜中加入少量的有润滑作用的铅,可用作滑动轴承材料。

青铜是人类使用历史最久的金属材料,它是铜、锡合金。锡的加入明显地提高了铜的强度,并使其塑性得到改善,抗腐蚀性增强,因此锡青铜常用于制造齿轮等耐磨零部件和耐蚀配件。锡较贵,目前已大量用铝、硅、锰来代替锡而得到一系列青铜合金。铝青铜的耐蚀性比锡青铜还好。铍青铜是强度最高的铜合金,它无磁性,有优异的抗腐蚀性能,是可与钢相竞争的弹簧材料。

白铜是铜—镍合金,有优异的耐蚀性和高的电阻,故可用作苛刻腐蚀条件下工作的零部件和电阻器的材料。

锌合金

以锌为基础加入其他元素组成的合金。常加的合金元素有铝、铜、镁、镉、铅、钛等。锌合金熔点低,流动性好,易熔焊、钎焊和塑性加工,在大气中耐腐蚀,残废料便于回收和重熔;但蠕变强度低,易发生自然时效而引起尺寸变化。熔融法制备,压铸或压力加工成材。按制造工艺可分为铸造锌合金和变形锌合金。

锌合金的主要添加元素有铝、铜和镁等。

锌合金的加工

新型金属材料

锌合金按加工工艺可分为形变与铸造锌合金两类。铸造锌合金流动性和耐腐蚀性较好,适用于压铸仪表、汽车零件外壳等。

锌合金的特点:

(1) 比重大。

(2) 铸造性能好,可以压铸形状复杂、薄壁的精密件,铸件表面光滑。

(3) 可进行表面处理:电镀、喷涂、喷漆。

(4) 熔化与压铸时不吸铁,不腐蚀压型,不黏模。

(5) 有很好的常温机械性能和耐磨性。

(6) 熔点低,在385 ℃熔化,容易压铸成型。

钛合金

钛是周期表中第ⅣB类元素,外观似钢,熔点达1672 ℃,属难熔金属。钛在地壳中含量较丰富,远高于铜、锌、锡、铝等常见金属。我国钛的资源极为丰富,仅四川攀枝花地区发现的特大型钒钛磁铁矿中,伴生钛金属储量约达4.2亿吨,接近国外探明钛储量的总和。

纯钛机械性能强,可塑性好,易于加工,如有杂质,特别是氧、氮、碳,会提高钛的强度和硬度,但会降低其塑性,增加脆性。

钛是容易钝化的金属且在含氧环境中,其钝化膜在受到破坏后还能自行愈合。钛的另一重要特性是密度小。其强度是不锈钢的3.5倍,铝合金的1.3倍,是目前所有工业金属材料中最高的。

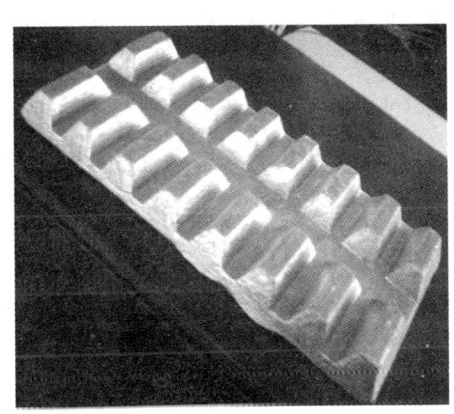

钛合金图片

液态的钛几乎能溶解所有的金属,形成固溶体或金属化合物等各种合金。合金元素如铝、钒、锡、硅、钼和锰等的加入,可改善钛的性能,以适应不同部门的需要。例如,钛—铝—锡合金有很高的热稳定性,可在相当高的温度下长时间工作;以钛—铝—钒

合金为代表的超塑性合金，可以50%～150%地伸长加工成型，其最大伸长可达到2000%。而一般合金的塑性加工的伸长率最大不超过30%。

由于上述优异性能，钛享有"未来的金属"的美称。钛合金已广泛用于国民经济各部门，它是火箭、导弹和航天飞机不可缺少的材料。船舶、化工、电子器件和通讯设备以及若干轻工业部门中要大量应用钛合金，只是目前钛的价格较昂贵，限制了它的广泛使用。

有色金属

有色金属，狭义的有色金属称非铁金属，是铁、锰、铬以外的所有金属的统称。广义的有色金属还包括有色合金。有色合金是以一种有色金属为基体（通常大于50%），加入一种或几种其他元素而构成的合金。有色合金的强度和硬度一般比纯金属高，电阻比纯金属大、电阻温度系数小，具有良好的综合机械性能。

有色金属是国民经济、人们日常生活及国防工业、科学技术发展必不可少的基础材料和重要的战略物资。飞机、导弹、火箭、卫星、核潜艇等尖端武器以及原子能、电视、通讯、雷达、电子计算机等尖端技术所需的构件或部件大都是由有色金属中的轻金属和稀有金属制成的；此外，没有镍、钴、钨、钼、钒、铌等有色金属也就没有合金钢的生产。现在世界上许多国家，尤其是工业发达国家，竞相发展有色金属工业，增加有色金属的战略储备。

镁合金

镁合金是以镁为基加入其他元素组成的合金，包括镁合金和镁—基复合材料，超轻高塑性 Mg—Li—X 系合金等。

镁合金的共同特点是：质量轻、刚性好、具有一定的耐蚀性和尺寸稳定性、抗冲击、耐磨、衰减性能好及易于回收；另外还有高的导热和导电性能、无磁性、屏蔽性好和无毒的特点。

新型金属材料

镁合金广泛用于携带式的器械和汽车行业中,达到轻量化的目的。

镁合金的比重虽然比塑料重,但是,单位重量的强度和弹性率比塑料高,所以,在同样的强度零部件的情况下,镁合金的零部件能做得比塑料的薄而且轻。另外,由于镁合金的比强度也比铝合金和铁高,因此,在不减少零部件的强度下,可减轻铝或铁的零部件的重量。

镁合金相对比强度(强度与质量之比)最高。比刚度(刚度与质量之比)接近铝合金和钢,远高于工程塑料。

在弹性范围内,镁合金受到冲击载荷时,吸收的能量比铝合金件大一半,所以镁合金具有良好的抗震减噪性能。

镁合金熔点比铝合金熔点低,压铸成型性能好。镁合金铸件抗拉强度与铝合金铸件相当,一般可达250Mpa,最高可达600Mpa。屈服强度、延伸率与铝合金也相差不大。

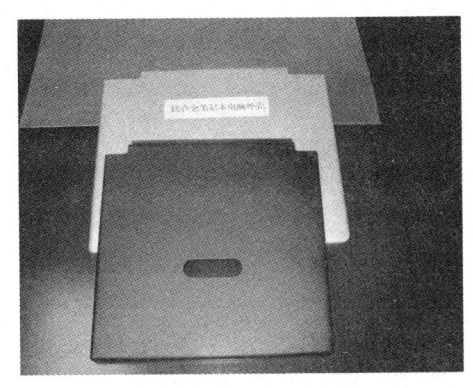
镁合金材料

镁合金还有良好的耐腐蚀性能、电磁屏蔽性能、防辐射性能,可做到100%回收再利用。

镁合金件稳定性较高压铸件的铸造行加工尺寸精度高,可进行高精度机械加工。

镁合金具有良好的压铸成型性能,压铸件壁厚最小可达0.5mm。适应制造汽车各类压铸件。

铅锡合金

铅锡合金按用途分为:

(1)铅基或锡基轴承合金。与铅基轴承合金统称为巴氏合金。含锑3%~15%,铜3%~10%,有的合金品种还含有10%的铅。锑、铜用以提高合金的强度和硬度。其摩擦系数小,有良好的韧性、导热性和耐蚀性,主要用以制造滑动轴承。

（2）铅锡焊料。以锡铅合金为主，有的锡焊料还含少量的锑。含铅38.1%的锡合金俗称焊锡，熔点约183℃，用于电器仪表工业中元件的焊接以及汽车散热器、热交换器、食品和饮料容器的密封等。

（3）铅锡合金涂层。利用锡合金的抗蚀性能，将其涂敷于各种电气元件表面，既具有保护性，又具有装饰性。常用的有锡铅系、锡镍系涂层等。

铅锡合金

（4）铅锡合金（包括铅锡合金，无铅锡合金）。可以用来生产制作各种精美合金饰品、合金工艺品，如戒指、项链、手镯、耳环、胸针、纽扣、领带夹、帽饰、工艺摆饰、合金相框、宗教徽志、微型塑像、纪念品等。

铅锡合金（用作合金饰品、合金工艺品材料）的特点如下：

（1）铅锡合金性能稳定，熔点低，流动性好，收缩性小。

（2）铅锡合金晶粒幼细，韧性良好，软硬适宜，表面光滑，无砂洞，无疵点，无裂纹，磨光及电镀效果好。

（3）铅锡合金离心铸造性能好，韧性强，可以铸造形状复杂、薄壁的精密件，铸件表面光滑。

（4）铅锡合金产品可进行表面处理：电镀、喷涂、喷漆。

（5）铅锡合金晶体结构致密，在原料方面确保铸件尺寸公差小，表面精美，后处理瑕疵少。

记忆合金

1932年，瑞典人奥兰德在金镉合金中首次观察到"记忆"效应，即合金的形状被改变之后，一旦加热到一定的跃变温度时，它又可以魔术般变回原来的形状，人们把具有这种特殊功能的合金称为形状记忆合金。记忆合金的开发迄今不过30余年，但由于其在各领域的特效应用，正广为世人所瞩目，被誉为"神奇的功能材料"。

这种具有记忆本领的合金，确实身手不凡，已在工业生产、航天、电子器具、家用电器、医疗技术和能源设备等许多方面得到了广泛的应用，充分显示了它那出色的才能。

形状记忆合金在航天方面的应用已取得重大进展。荷兰科学家已采用镍钛形状记忆合金板制成了人造卫星天线。这种天线能卷放在卫星体内，当卫星进入轨道后，利用太阳能或其他热源加热，它就能在太空中自动展开。

美国国家航空和航天局采用形状记忆合金制造了月面天线。这种月面天线为半球形展开天线，体积较大。制成后，对它进行记忆热处理，以提高记忆性能。当往运载火箭或航天飞机上装载时，先压缩成便于装运的小球团，待发送到月球表面时，受太阳光照射加热而恢复所记忆的原形，展开成正常工作的半球形天线。由月面天线的成功应用，人们就想到，如果汽车的车身也采用这种形状记忆材料制造，那么即使汽车受撞变形，也能用热水或喷灯等稍稍加热来自动恢复原形，从而使汽车永葆美丽的"容颜"。

形状记忆合金具有感知温度和驱动双重本领，而所需要的热能可以直接取自工作环境，因而形状记忆合金可制成理想的温度控制装置，用来取代感温—处理—驱动的传统控温系统，使自动控温器不仅能小型化、无声化，而且可提高效率、节约能源和降低成本。例如，现在已将形状记忆合金用于灯光调节和遥控门窗开关等方面，取得了较好的效果。

形状记忆合金已在电器和电子仪器方面大显身手了。它可用于各种电磁控制装置，取代许多电动器，从而简化了结构，降低了成本。例如，自动电子干燥箱采用形状记忆合金后性能大为提高。这种利用记忆合金驱动元件的自动电子干燥箱，由干燥室和内装干燥剂的干燥器组成。干燥器和干燥室之间有一个闸门，而在干燥器的外侧还装有一个排泄湿气的闸门。在电子干燥箱处于低温时，干燥剂吸收空气中的湿气；

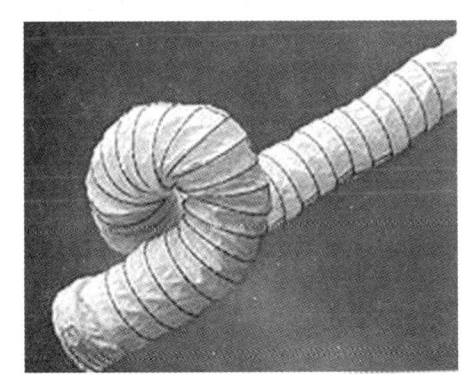

形状记忆合金

而当加热器工作使温度升高时，形状记忆合金弹簧开始动作，关闭内闸门而打开外闸门，使干燥剂中的湿气往外排出，同时切断加热器电源。当温度降到一定值时，在偏压弹簧作用下使形状记忆合金弹簧复原，同时关闭外闸门，并打开内闸门吸湿和接通加热器电源。这样，两个闸门在形状记忆合金弹簧的控制下，交替地打开、关闭，自动地完成了干燥工作。这种干燥箱的闸门开闭器，采用了镍钛形状记忆合金弹簧和偏压弹簧构成的热敏元件，代替了常用的电磁元件，使干燥箱的体积减小而重量减轻，但干燥能力却大为提高，而且无噪音，还节约了电能。

汽车发动机冷却风扇离合器也是记忆合金的主要用武之地。离合器采用记忆合金元件后，当发动机的温度高于规定时，记忆合金元件才使风扇连上传动轴，开始对发动机进行冷却降温。这样，既可缩短暖机时间，又能提高节能效率。

形状记忆合金在能源开发上也是大有作为的。早在1973年，美国就制成了镍钛诺尔热机，开辟了记忆合金在能源开发上的应用之路。此后，又相继出现了各种形式的记忆合金热机。到1982年，人们又制成了用镍钛记忆合金热机与太阳能集热器配套的新型动力装置。另外，还发明了利用废水余热和地热作热源的记忆合金热机。

近年来开发的记忆合金热机，大都是回转式的，其中以日本研制成的一种固体热机最具代表性。这种记忆合金热机有两个直径不同的链轮，链轮上配有一条环形链条。作为传动带的环形链条，用记忆合金制成。当环形链条的一侧通过热水加热时，链条便恢复原形，即由于形状记忆效应而收缩，使得链条另一侧产生拉力，从而引起链轮转动。而当收缩的链条转到另一侧时，受到冷水冷却便变软而伸长。如此反复加热和冷却，就会使记忆合金链条反复缩短和伸长，结果导致链条带动链轮旋转，即可产生机械动力。它的转速达到每分钟1000转，适合于利用温度较低的热源，如太阳能、地热、海洋能等自然热源，尤其适合于废水、废气等低级热源的利用。

形状记忆合金还具有全方位的记忆本领，即能对各个不同方向发生的变化（如温度）作出反应。利用这种性能可制成灵敏的火灾报警器。在正常室温下，警铃的开关（用形状记忆合金制成）处于开启状态，警铃不发出声响；若温度高于室温，出现火灾苗头，记忆合金开关就恢复原状，使开关闭合，于是便出现警铃大作的报警铃声。

新型金属材料

在医疗技术方面，形状记忆合金也得到广泛应用，成为医生的得力助手。用形状记忆合金可制成清除血栓块的血液滤清器。这种血液滤清器是先将记忆合金丝绕制成滤网状，并加以形状记忆效应热处理。然后，在较低温度下再将滤网伸展成直线形状，再插入患者心脏一侧的大静脉血管内。直线状的滤网在血管内的温度升高到体温时，由于记忆效应它就会恢复成滤网状，用这种滤网来清除血液中的血栓块，从而阻止95%的血栓块流向心脏和肺部。这种血液滤清器同样也可用作血液内胆固醇的清除器。

记忆合金在医学方面的用途也很广泛

形状记忆合金不仅能用来滤清血液内的血栓块和胆固醇，而且可用它制成弹簧来打通被血栓堵塞的冠状动脉。使用时，先将记忆合金丝绕成细小的弹簧，并进行记忆效应热处理。然后在较低温度下使弹簧伸展成直线，插入内充冷水的导管里。接着，在X光的配合照射下，将装有伸成直线的弹簧的导管送入冠状动脉被堵塞的血栓中，并抽出导管。随着冠状动脉内温度的升高，记忆合金丝就会恢复成弹簧状，将血栓块撑开，从而打开了通路，使血液畅通。

人们还将记忆合金用来制成矫正治疗脊椎侧弯症的矫形背心。它是先将记忆合金棒条做成符合患者正常体形的形状，并加以记忆热处理，然后再在低温下加工成患者弯曲的脊椎形状，做成患者合体的背心。当患者穿上这种背心后，背心的温度逐渐升高到人的体温。这时，记忆合金背心就恢复到患者正常体形的形状，从而使畸形得到矫正。

形状记忆合金在治疗骨折方面也是把好手。例如，用形状记忆合金制成固定骨折用的夹板，依靠人的体温使记忆合金夹板升温，所产生的形状记忆效应，不仅能将两段断骨固定住，而且夹板在恢复原来形状的过程中产生压缩力，迫使断骨很快愈合。

人们还在设想，采用形状记忆塑料制成桶、盆、椅、桌、凳等生活用具，可以先将它们压扁堆放，省得占地方。一旦需要使用，如出外旅游，和家人一起带上这些压成扁形的塑料用具和小桌椅，只要浇些热水，它们一个个就会"立"起来成形，使用、携带非常方便。

作为一类新兴的功能材料，记忆合金的很多新用途正不断被开发，例如用记忆合金制作的眼镜架，如果不小心被碰弯曲了，只要将其放在热水中加热，就可以恢复原状，既省钱又省力，实在方便。

新型铝合金

新型有色金属合金材料主要包括铝、镁、钛等轻金属合金以及粉末冶金材料，高纯金属材料等。

铝合金：包括各种新型高强高韧，高比强高比模，高强耐蚀可焊，耐热耐蚀铝合金材料，如 Al—Li 合金等。

纯铝的密度小，是铁的1/3，熔点低（660 ℃），具有很高的塑性，易于加工，可制成各种型材、板材。抗腐蚀性能好，但是纯铝的强度很低，不宜作结构材料。通过长期的生产实践和科学实验，人们逐渐以加入合金元素及运用热处理等方法来强化铝，这就得到了一系列的铝合金。

新型铝合金的强度胜过很多合金钢，成为理想的结构材料，广泛用于机械制造、运输机械、动力机械及航空工业等方面，飞机的机身、蒙皮、压气机等常以铝合金制造，以减轻自重。采用铝合金代替钢板材料的焊接，结构重量可减轻50%以上。

铝合金密度低，但强度比较高，接近或超过优质钢，塑性好，可加工成各种型材，具有优良的导电性、导热性和抗蚀性，工业上广泛使用，使用量仅次于钢。

铝合金分两大类：铸造铝合金，在铸态下使用；变形铝合金，能承受压力加工。可加工成各种形态、规格的铝合金材。主要用于制造航空器材、建筑用门窗等。

铝合金按加工方法可以分为形变铝合金和铸造铝合金。形变铝合金又分为不可热处理强化型铝合金和可热处理强化型铝合金。不可热处理强化型不能通过热处理来提高机械性能，只能通过冷加工变形来实现强化，它主要包

新型金属材料

括高纯铝、工业高纯铝、工业纯铝以及防锈铝等。可热处理强化型铝合金可以通过淬火和时效等热处理手段来提高机械性能，它可分为硬铝、锻铝、超硬铝和特殊铝合金等。

一些铝合金可以采用热处理获得良好的机械性能，物理性能和抗腐蚀性能。

铸造铝合金按化学成分可分为铝硅合金、铝铜合金、铝镁合金、铝锌合金和铝稀土合金，其中铝硅合金又有简单铝硅合金（不能热处理强化，力学性能较低，铸造性能好），特殊铝硅合金（可热处理强化，力学性能较高，铸造性能良好）。

新型铝合金三脚架

铝合金是工业中应用最广泛的一类有色金属结构材料，在航空、航天、汽车、机械制造、船舶及化学工业中已大量应用。随着近年来科学技术以及工业经济的飞速发展，对铝合金焊接结构件的需求日益增多，使铝合金的焊接性研究也随之深入。铝合金的广泛应用促进了铝合金焊接技术的发展，同时焊接技术的发展又拓展了铝合金的应用领域，因此铝合金的焊接技术正成为研究的热点之一。

超塑性合金

超塑性合金有一种奇怪的特性，在适当的温度下能够像泡泡糖一样伸长10倍、20倍、几十倍直至上百倍，它既不会出现缩颈，也不会断裂。本来是硬而脆的合金，利用它的"超塑性"，人们就能够把它吹制成像气球一样的薄壳。

比如，钛合金本来是一种很难变形的合金，它在常温下的最大延伸率只有30%左右。过去，在利用钛合金加工形状复杂的零

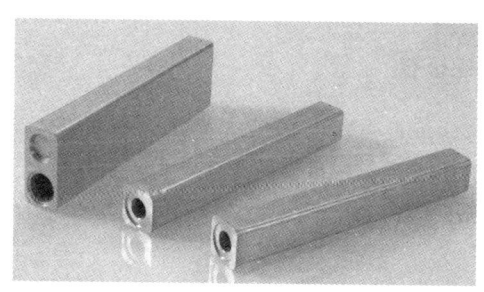

超塑性合金

件时，往往采用"蠕变加工法"，变形过程需要 1 小时以上。现在利用超塑性成形，制造任何形状复杂的钛合金零件一般都不会超过 8 分钟。

钛合金在飞机、导弹和航天飞机上用得很多。为了解决零件加工困难的问题，现在除了采用"超塑性成型"以外，还采用"超塑性扩散连接"的办法。

所谓"超塑性扩散连接"，就是把温度控制在金属的熔点以下来进行焊接，在足够的热量和压力之下，使两块金属的接触面上的原子和分子相互扩散，从而连接成一个整体，这种扩散连接一般是在真空中或惰性气体中进行的。

对钛合金而言，它的"超塑性成型"温度和"超塑性扩散连接"温度正好是相同的，都是在 871 ℃至 927 ℃，因此对钛合金可以同时进行这两项工艺，就是让它在变形的过程中同时完成扩散连接的任务，这样就可以一次直接加工出形状复杂的大型构件。与以往的铆接和焊接方法比较起来，可以降低成本 40% 至 60%，减轻重量 30% 至 50%。减轻重量，这对于飞机、导弹和航天飞机的制造来说无疑会具有特殊重要的意义。

美国、俄罗斯、日本和西欧各国都对金属材料的超塑性进行了广泛而深入的研究，除了钛合金以外，各国对超高强度钢和高温合金等许多种金属材料和合金的超塑性研究也都取得了长足的进展。现在，各种超塑性合金已经进入大量使用阶段，"超塑性加工"已经发展成为国际上一种相当流行的新工艺。

超塑性

金属的超塑性现象，是英国物理学家森金斯在 1928 年发现的，他给这种现象做如下定义：凡金属在适当的温度下（大约相当于金属熔点温度的一半）变得像软糖一样柔软，而应变速度 10 毫米/秒时产生本身长度三倍以上的延伸率，均属于超塑性。

超塑性是一种奇特的现象。具有超塑性的合金能伸长 10 倍、20 倍甚至上百倍，既不出现缩颈，也不会断裂。

新型金属材料

最初发展的超塑性合金是一种简单的合金，如锡铅、铋锡等。一根铋锡棒可以拉伸到原长的 19.5 倍，然而这些材料的强度太低，不能制造机器零件，所以并没有引起人们的重视。

20 世纪 60 年代以后，研究者发现许多有实用价值的锌、铝、铜合金中也具有超塑性。在航空航天上，面对极难变形的钛合金和高温合金，普通的锻造和轧制等工艺很难成形，而利用超塑性加工却获得了成功。到了 20 世纪 70 年代，各种材料的超塑性成型已发展成流行的新工艺。

不锈钢

所有金属都和大气中的氧气进行反应，在表面形成氧化膜。不幸的是，在普通碳钢上形成的氧化铁继续进行氧化，使锈蚀不断扩大，最终形成孔洞。可以利用油漆或耐氧化的金属（例如，锌、镍和铬）进行电镀来保证碳钢表面，但是，正如人们所知道的那样，这种保护仅是一种薄膜。如果保护层被破坏，下面的钢便开始锈蚀。

耐空气、蒸汽、水等弱腐蚀介质和酸、碱、盐等化学浸蚀性介质腐蚀的钢，就是不锈耐酸钢。

不锈钢是具有近百年发展历程的现代材料。不锈钢的发明人是 20 世纪英国冶金专家亨利·布雷尔利。

实际应用中，常将耐弱腐蚀介质腐蚀的钢称为不锈钢，而将耐化学介质腐蚀的钢称为耐酸钢。由于两者在化学成分上的差异，前者不一定耐化学介质腐蚀，而后者则一般均具有不锈性。不锈钢的耐蚀性取决于钢中所含的合金元素。铬是使不锈钢获得耐蚀性的基本元素，当钢中含铬量达到 1.2% 左右时，铬与腐蚀介质

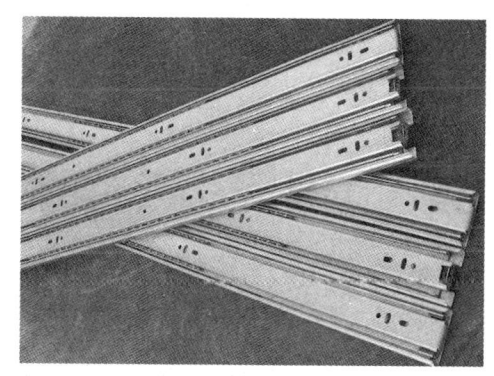

不锈钢的重型滑轨

中的氧作用,在钢表面形成一层很薄的氧化膜(自钝化膜),可阻止钢的基体进一步腐蚀。除铬外,常用的合金元素还有镍、钼、钛、铌、铜、氮等,以满足各种用途对不锈钢组织和性能的要求。

乡村是基本上无污染的区域。该区人口密度低,只有无污染的工业。城市为典型的居住、商业和轻工业区,该区内有轻度污染,例如交通污染。工业区为重工业造成大气污染的区域。污染可能是由于燃油所形成的气体,例如硫和氮的氧化物或者是化工厂或加工厂释放的其他气体。空气中悬游的颗粒,像钢铁生产过程中产生的灰尘或氧化铁的沉积也会使腐蚀增加。

沿海地区通常指的是距海边 1600 米以内的区域。但是,海洋大气可以向内陆纵深蔓延。例如,英国气候条件就是如此,所以整个国家都属于沿海区域。如果风中夹杂着海洋雾气,特别是由于蒸发造成盐沉积集聚,再加上雨水少,不经常被雨水冲刷,沿海区域的条件就更加不利。如果还有工业污染的话,腐蚀性就更大。

在干燥的室内环境中使用 304 不锈钢效果相当好。但是,在乡村和城市要想在户外保持其外观,就需经常进行清洗。在污染严重的工业区和沿海地区,表面会非常脏,甚至产生锈蚀。但要获得户外环境中的审美效果,就需采用含镍不锈钢。所以 304 不锈钢广泛用于幕墙、侧墙、屋顶及其他建筑用途,但在侵蚀性严重的工业或海洋大气中,最好采用 316 不锈钢。

现在,人们已充分认识到了在结构应用中使用不锈钢的优越性。有几种设计准则中包括了 304 和 316 不锈钢。因为"双相"不锈钢 2205 已把良好的耐大气腐蚀性能和高抗拉强度及弹限强度融为一体,所以欧洲准则中也包括了这种钢。

泡沫金属

泡沫金属就是含有泡沫状气孔的金属材料。与一般烧结多孔金属相比,泡沫金属的气孔率更高,孔径尺寸较大,可达 7 毫米。由于泡沫金属是由金属基体骨架连续相和气孔分散相或连续相组成的两相复合材料,因此其性质取决于所用金属基体、气孔率和气孔结构,并受制备工艺的影响。通常,泡沫金属的力学性能随气孔率的增加而降低,其导电性、导热性也相应呈指数关系降低。当泡沫金属承受压力时，由于气孔塌陷导致的受力面积增加和材料应变硬化效应，使得泡沫金属具有优异的冲击能量吸收特性。

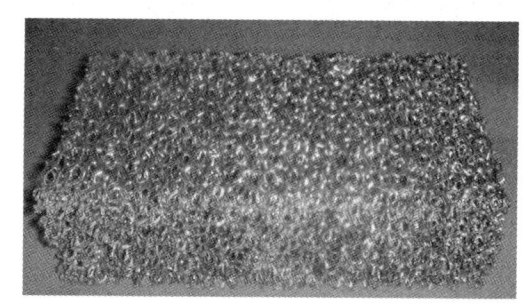

奇妙的泡沫金属

新材料是当今高技术发展的关键。泡沫金属作为一种新型功能材料，由于其具有孔隙率高、密度小、比表面积大等特征，使得其在具有导电性、吸音、减震、能量吸收、导热及电磁屏蔽等方面具有较好的性能，从而在能源、通讯、化工、冶金、机械、建筑、交通，甚至航空航天等领域中有着广泛应用前景。

在历史的进程中，人们很早就使用了木材、砖头等泡沫材料，但是对泡沫金属却显得有些陌生。泡沫金属的发明至今才有50年的历史。1948年，有人最早提出了利用汞在铝中气化而制取泡沫铝的想法；后来科学家们发展了这一想法，并在1956年成功地制造出了泡沫铝。由于泡沫金属特殊的结构、性能和广泛的用途，吸引了来自日本、美国、苏联及西欧各国众多研究者及政府的日益关注，并在近1年取得了较大的发展。

泡沫金属以其独特的结构而具有许多优异的性能，已经被广泛地应用于航天、航空、运输、环保、能源、生物等各种高科技领域以及一般工业领域，应用的需要也正是对这种新型材料开发的意义。

（1）利用优异的热物理性能。泡沫金属具有很大的比表面积，通孔泡沫金属可以用来制作热交换器及散热器；闭孔泡沫金属可用作绝热材料。

（2）利用吸收冲击功特性。用于制造缓冲器、吸震器是泡沫金属的重要用途之一。其应用从汽车的防冲挡板直至宇宙飞船起落架，此外已成功地用于升降机、传送器安全垫、高速磨床防护罩吸能内衬。

（3）利用透过性能。利用泡沫金属的透过性能，可将其应用于制备过滤器的重要材料。它与粉末冶金多孔性金属相比，有孔径大、孔隙度高的特点，用它制作的过滤器应用范围较广，如滤掉液体、气体中的固体颗粒等。

（4）利用声学及电磁性能。利用泡沫金属的吸音性能，主要用于消音降噪方面，如用于蒸汽发电厂、气动工具、小汽车等的衰减消音器。日本在高速列车配电室、播音室及新干线吸音等方面获得有应用前景的结果。

（5）其他用途。泡沫金属还可用于建筑业，如建筑物内外装饰件、幕墙、内墙壁等；也可作计算机台架、各种包装箱等等。利用泡沫金属的耐火性，可以用于建筑等工业上的耐火材料或通过对其孔洞进行处理，用于阻燃材料等。在化工方面，可用它作为催化剂的载体。另外泡沫金属还可以作多孔电极。胞状泡沫对高频电磁波有很高的屏蔽系数，已被用于制作电子仪器外壳和构建电磁屏蔽室等。

泡沫铝

泡沫铝是在纯铝或铝合金中加入添加剂后，经过发泡工艺制成，同时兼有金属和气泡特征。它密度小、高吸收冲击能力强、耐高温、防火性能强、抗腐蚀、隔音降噪、导热率低、电磁屏蔽性高、耐候性强、有过滤能力、易加工、易安装、成形精度高、可进行表面涂装。

泡沫铝是一种新型建筑及装潢材料，它具有质轻、高比刚度、美观、不燃烧等优点，并兼有吸音、隔热、电磁屏蔽等特性。因此泡沫铝可广泛应用于商场、宾馆、体育馆等场馆的建筑装潢。因其优异的电磁屏蔽性能，泡沫铝可用于电信、电子仪器、计算机房、电视广播设备的电磁屏蔽。因其导热系数低，同时具有质轻、高比刚度、不燃烧等优点，可用作隔热、保温、保冷材料等。因其具有优良的冲击能量吸收性能，可用作汽车防冲档、机械装置的保护外壳，升降机的安全垫的防护层等。

高强度钢材

钢铁材料是重要的基础材料，广泛应用于能源开发、交通运输、石油化工、机械电力、轻工纺织、医疗卫生、建筑建材、家电通讯、国防建设以及高科技产业，并具有较强的竞争优势。

新型钢铁材料发展的重点是高性钢铁材料。其方向为高性能，长寿命，

在质量上已向组织细化和精确控制,提高钢材洁净度和高均匀度方面发展。

汽车用材在整个材料市场中所占的比例很小,但是属于技术要求高、技术含量高、附加值高的三高产品,代表了行业的最高水平。

汽车新材料的需求呈现出以下特点:轻量化与环保是主要需求发展方向;各种材料在汽车上的应用比例正在发生变化,主要变化趋势是高强度钢和超高强度钢、铝合金、镁合金、塑料和复合材料的用量将有较大的增长,汽车车身结构材料将趋向多材料设计方向。同时汽车材料的回收利用也受到更多的重视,电动汽车、代用燃料汽车专用材料以及汽车功能材料的开发和应用工作不断加强。

近几年,虽然塑料在汽车制造中的应用越来越广泛,然而钢材依然在汽车许多部件上具有不可替代性。一些新型钢材的高强度和高可成形性使其在不影响安全性、经济性和性能的同时可以用于制造更轻、更具有燃油经济性的车辆。

随着石油价格的不断攀升,汽车制造商面临着前所未有的挑战,努力寻找提高车辆燃油经济性的方法。但是与此同时,车辆安全性也是汽车设计和制造中同样非常重要的一个因素。为了权衡这两个方面,车辆轻量化技术起到了非常关键的作用——通过对材料使用和部件尺寸的优化来降低车辆的总体重量。

汽车制造商已经通过采用高强度材料来达到这两个方面的目标。与传统材料相比,这些新型材料使车身部件在重量方面得到了降低,但是同时也不会给车辆的整体性能带来影响。

数据显示,高强度钢在每辆车上的重量自1975年以来增加了134千克。最早的高强度钢屈服强度从210MPa到550MPa,包括碳锰钢板、BH钢板、高强度IF钢板以及高强度低合金(HSLA)钢板。今天,这些高强度钢在车辆的结构和外观应用方面已经得到广泛认可。

BH高强度钢主要应用在对抗凹性要求比较高以及可以提供足够成形性的地方,这样可以满足拉伸等的处理要求。宝马利用这种现象在新一代X5白车身上采用了BH钢,占整个车身的24%。

高强度钢和先进高强度钢对汽车安全车厢笼架的制造越来越重要,该安全笼架在车辆发生碰撞的时候可以不发生变形,从而保护驾驶员和乘客的安全。

根据美国高速公司安全保险协会统计，美国每年大约有10000人死于因车辆翻滚带来的事故中。汽车公司认为乘客保护是采用高强度材料的最重要原因，有些旅行车采用了高强度钢和先进高强度钢，占车身总重的60%。

有一种先进高强度钢在实际生产中得到了广泛的应用，这就是双相钢。双相钢由一种相对柔软易延展的铁素体以及一种坚硬的马氏体相组成的。由于具有几近连续的钛素体，这种钢具有相对较高的延展性和较好的成形性。这种钢还可以在涂装或其他表面处理时进行的热处理过程中强度进一步得到提升。

通用公司就在某车身上采用了一些新的双相钢部件。最终使车身重量和成本却得到了降低，同时性能也得到了提升。

2006年，本田公司推出的一款轿车，将高强度钢在车身上应用的比重提高到了整车重量的50%。一年后，本田再推出新一代轿车，采用了比例高达56.3%的高强度钢。碰撞测试结果表明这款车并没有因为车身重量下降而影响其安全性。

根据国际钢铁协会透露，更多的先进和超高强度钢（UHSS）都在积极的开发中。超高强度钢的屈服强度可以达到800MPa。目前，还有一些高强度钢在积极的开发之中，专家认为，短期内高强度钢和先进高强度钢在每辆车上的平均应用到2015年会达到183千克。他认为在这183千克的重量中有70%会在车身和覆盖件上，16%应用在悬挂系统上，9%应用在保险杠和挤出梁上，其余的5%应用在车轮、座椅和其他部件上。

能源材料

广义地说，凡是能源工业及能源技术所需的材料都可称为能源材料。但在新材料领域，能源材料往往指那些正在发展的、可能支持建立新能源系统满足各种新能源及节能技术的特殊要求的材料。

能源材料的分类在国际上尚未见有明确的规定，可以按材料种类来分，也可以按使用用途来分。大体上可分为燃料（包括常规燃料、核燃料、合成燃料、炸药及推进剂等）、能源结构材料、能源功能材料等几大类。按其使用目又可以把能源材料分成能源工业材料、新能源材料、节能材料、储能材料等大类。为叙述方便也经常使用混合的分类方法。

目前比较重要的新能源材料有：（1）裂变反应堆材料，如铀、钚等核燃料、反应堆结构材料、慢化剂、冷却剂及控制棒材料等。（2）聚变堆材料包括热核聚变燃料、第一壁材料、氚增值剂、结构材料等。（3）高能推进剂包括液体推进剂、固体推进剂。（4）燃料电池材料，如电池电极材料、电解质等。（5）氢能源材料，主要是固体储氢材料。（6）超导材料，主要是传统超导材料、高温超导材料。（7）太阳能电池材料。（8）其他新能源材料，如风能、地热、磁流体发电技术中所需的材料。

储氢材料

氢是一种热值很高的燃料。燃烧 1 千克氢可放出 62.8 千焦的热量，1 千克氢可以代替 3 千克煤油。氢氧结合的燃烧产物是最干净的物质——水，没有任何污染。氢的来源非常丰富，若能从水中制取氢，则可谓取之不尽、用之不竭。

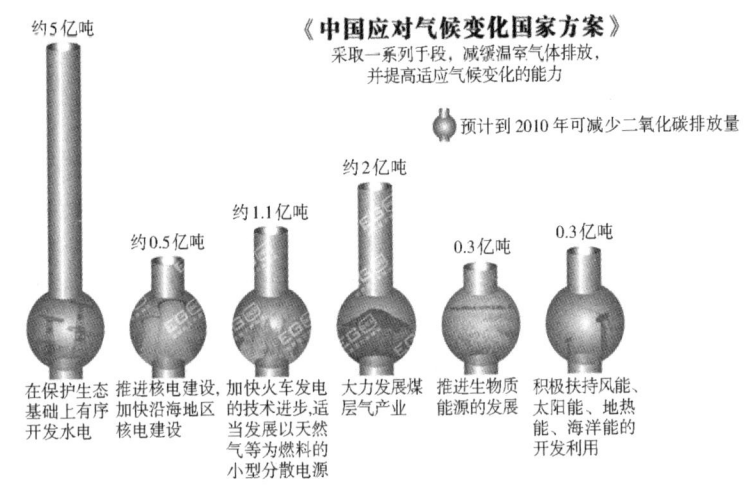

新型储氢材料

氢能的利用，主要包括两个方面：一是制氢工艺；二是储氢方法。

传统储氢方法有两种：一种方法是利用高压钢瓶（氢气瓶）来储存氢气，但钢瓶储存氢气的容积小，瓶里的氢气即使加压到 150 个大气压，所装氢气的质量也不到氢气瓶质量的 1%，而且还有爆炸的危险；另一种方法是储存液态氢，将气态氢降温到 -253 ℃变为液体进行储存，但液体储存箱非常庞大，需要极好的绝热装置来隔热，才能防止液态氢不会沸腾汽化。近年来，一种新型简便的储氢方法应运而生，即利用储氢合金（金属氢化物）来储存氢气。

研究证明，某些金属具有很强的捕捉氢的能力，在一定的温度和压力条件下，这些金属能够大量"吸收"氢气，反应生成金属氢化物，同时放出热量。其后，将这些金属氢化物加热，它们又会分解，将储存在其中的氢释放出来。这些会"吸收"氢气的金属,称为储氢合金。

储氢合金的储氢能力很强。单位体积储氢的密度是相同温度、压力条件下气态氢的 1000 倍,也即相当于储存了 1000 个大气压的高压氢气。

由于储氢合金都是固体,既不使用储存高压氢气所需的大而笨重的钢瓶,又不需存放液态氢那样极低的温度条件,需要储氢时使合金与氢反应生成金属氢化物并放出热量,需要用氢时通过加热或减压使储存于其中的氢释放出来,如同蓄电池的充电、放电,因此储氢合金不愧是一种极其简便易行的理想储氢方法。

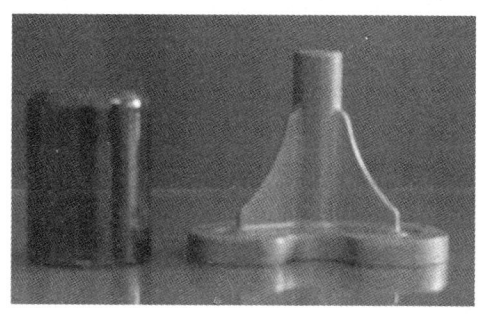

储氢合金具有很强的捕捉氢的能力

目前研究发展中的储氢合金,主要有钛系储氢合金、锆系储氢合金、铁系储氢合金及稀土系储氢合金。

储氢合金不光有储氢的本领,而且还有将储氢过程中的化学能转换成机械能或热能的能量转换功能。储氢合金在吸氢时放热,在放氢时吸热,利用这种放热—吸热循环,可进行热的储存和传输,制造制冷或采暖设备。

储氢合金还可以用于提纯和回收氢气,它可将氢气提纯到很高的纯度。例如,采用储氢合金,可以以很低的成本获得纯度高于 99.9999% 的超纯氢。

储氢合金以其高超的本领在许多方面得到应用,成为人们储存和利用氢气的得力帮手,并将获得进一步发展。

人们利用储氢合金在吸氢时放热而放氢时又要吸收热量的本领进行蓄热制冷。例如,镧镍储氢合金在吸氢时放出的热约为 210 千焦/千克,而金属镁在吸氢时放出的热高达 3 182 千焦/千克,其能量是非常大的。利用储氢材料的这种特性,就可进行蓄热制冷。

利用储氢合金蓄热的原理与蓄电池相似。例如,将工厂低温排放的热量或太阳能作用于储氢合金上,它在吸热时放出氢,所放出的氢储存在氢气瓶里;而当人们需要热水时,只要给氢气瓶加少量的压力,储氢合金就会进入放热反应,在吸氢的同时放出热量,从而将热交换管中的水加热,供人们使用。在吸氢放热的过程中，氢气并不消耗，它只是和储氢合金一起组成了蓄热器。

美国、日本等国根据上述利用储氢合金吸收太阳能装置的原理，制成了一种简单的吸收太阳能装置，并已投放市场。

超纯氢气是现代电子工业和一些尖端技术使用的重要原料，例如用作晶体外延生长时的运载气体等。但通常精制超纯氢气的方法成本很高，现在利用储氢合金就可生产廉价的超纯氢气。目前，不少国家都在利用储氢合金特别是稀土镍铝和稀土镍锰储氢合金进行精制超纯氢气的实验研究，并已取得很大进展，有的已开始商品化生产。其中如日本已用稀土镍铝储氢合金处理含有一氧化碳、氮气、氧气等杂质的工业氢气，生产出纯度高于6~9的高纯氢气。

利用储氢合金放氢时所产生的压力，通过适当的动力转换装置，即可转变成有用的机械能。用储氢合金制作的压缩机，当向装有储氢合金填充层的压缩机内输入低压氢气时，储氢合金便吸氢放热，将氢储存起来，而放出的热量用通入管子的冷水吸收，然后，将热水通入管子，使储氢合金加热，它便吸热并放出高压氢气，可用来作为驱动力。这种压缩机由于没有复杂的机械零件，所以结构简单，制造成本低，而且工作中不产生噪音，也不会发生机械故障。用储氢合金制成的小型驱动器，因为氢气有缓冲作用，所以耐冲击和过负载，而且重量轻，无噪声，能产生相当大的驱动力。美国、日本等国已利用储氢合金制作机器人的驱动装置，既灵敏可靠又轻便。

氢的同位素氘

为了寻找氢的同位素，人们前后用了十几年的时间，而没有得出肯定的结果。但有人从理论上推导，认为应该有质量数为 2 的氢同位素存在。1931年年底，美国哥伦比亚大学的尤里教授，将四升液态氢在三相点 14°K 下缓慢蒸发，最后只剩下几立方毫米液氢，然后用光谱分析。结果在氢原子光谱的谱线中，得到一些新谱线，它们的位置正好与预期的质量为 2 的氢谱线一致，从而发现了重氢。尤里对它定了一个专门名，"氘"，符号"D"。后来英、美

能源材料

的科学家们又发现了质量为 3 的"氚",符号"T",是具有放射性的另一重要氢同位素。

氘的发现是科学界在 20 世纪 30 年代初的一件大事。尤里因此在 1934 年获得了诺贝尔化学奖金。现在最常见的是氧化氘(又名重水),易于用电解水而取得,所以电费低廉的北欧能大量生产。重水早已成为制造氢弹的重要材料之一。

核材料

目前,对"核材料"这个名词没有统一的看法和定义。有人认为:它是用于核科学和核工程的材料的总称;有的认为它是专指裂变反应堆和聚变反应堆所用材料;有的把它定义为裂变材料和聚变材料的总称,即与核燃料的概念相似。

广义的核材料是核工业及核科学研究中所专用的材料的总称,它包括核燃料及核工程材料(即非核燃料材料)。核燃料是指能产生裂变或聚变核反应并释放出巨大核能的物质。核燃料可分为裂变燃料和聚变燃料(或称热核燃料)两大类。裂变燃料主要指易裂变核素如铀 235、钚 239 和铀 233 等。此外,由于铀 238 和钍 232 是能够转换成易裂变

原子弹的核裂变

核素的重要原料且其本身在一定条件下也可产生裂变,所以习惯上也称其为核燃料。聚变燃料包含氢的同位素氘、氚、锂 6 和其化合物等。核工程材料是指反应堆及核燃料循环和核技术中用的各种特殊材料,如反应堆结构材料、元件包壳材料、反应堆控制材料、慢化剂、冷却剂、屏蔽材料等等。例如特种铝合金、铍、特种不锈钢、特种陶瓷、高分子材料等。

核材料助推火箭升天

吸收中子后可发生链式反应的核素或可新生成易裂变核素的可转换材料。235U、239Pu、233U 的中子诱发裂变的能量阈值为零，它们被称作易裂变核素，即是能在热中子反应堆中使用的核燃料。232Th 和 238U 吸收中子后，可生成新的易裂变材料 233U 和 239Pu，232Th 和 238U 被称为可转换材料。238U 和 232Th 资源丰富，为核能的利用提供了广阔的材料来源。核材料均是放射性核素，使用时必须注意防护。对 239Pu、233U、浓缩度超过 20% 的 235U 实行严格控制与管理，防止上述特种核材料被盗，用来非法生产核武器。安全保障规程适用于燃料循环的全部环节，包括燃料制造、发电、燃料后处理、储存和运输。核材料必须置于设有多重实体屏障的保护区内，并实行全面管制与统计，防止损失与扩散。

核　能

与原子核反应有关的能源正是核能。原子核的结构发生变化时能释放出大量的能量，称为原子核能，简称核能，俗称原子能。它来自地壳中储存的铀、钍等发生裂变反应时的核裂变能资源，以及海洋中储藏的氘、氚、锂等发生聚变反应时的核聚变能资源。这些物质在发生原子核反应时释放出能量。

随着第二次世界大战的爆发，核裂变的研究突破被应用到制造原子弹的工作中去。核能源的研究成果，不幸首先用于战争，危害人民。但二战结束后，科技人员很快致力于原子能的和平利用，使它造福于人民。如 1954 年苏联建成世界上第一座核电站，功率为 5000 千瓦。随着社会与科技的不断发展，核能源已经在各个领域普及，如培育农作物种子所需要的辐射技术等。

能源材料

高能推进剂

液体推进剂

导弹是指以液体火箭发动机作为动力装置的导弹。简称液体导弹。有单级的,也有多级的;有战略导弹,也有战术导弹。液体战略导弹火箭发动机比冲较高,推力大,推进剂流量可调节,能准确控制关机时间。液体导弹有推进剂储箱和增压、输送系统,发动机还有喷注器和冷却系统等。因此,结构复杂,体积较大。推进剂需有专用的运输、储存、化验和加注设备,增加了地面设备,影响导弹的机动性。最早的液体导弹是第二次世界大战末期德国研制的V-2导弹。战后,苏联、美国、中国等先后研制了液体导弹。如美国的"丘比特"、"大力神"和苏联的SS-0、SS-18、SS-19等导弹。初期的液体导弹使用的推进剂,沸点低,不便储存。从20世纪60年代开始,液体导弹广泛使用了可储液体推进剂;20世纪70年代,美国的"长矛"导弹使用了预包装可储液体推进剂;20世纪80年代末,美国的液体导弹已全部由固体导弹替换。苏联的战略弹道导弹多数仍是液体导弹。

液体推进剂的催放

固体推进剂

固体推进剂是固体火箭发动机的动力源用材料,在导弹和航天技术发展中起着重要的作用,通常可分为双基推进剂、复合推进剂和改性双基推进剂。双基推进剂是硝酸纤维素与硝化甘油组成的均质混合物。复合推进剂是以高聚物为基体,混有氧化剂和金属燃料等组分的多项混合物。在双基推进剂中加入氧化剂和金属燃料组成改性双基推进剂。

复合固体推进剂的实际比冲可达245~250秒钟,密度为1.8克/厘米^3,

多脉冲复合固体推进剂

有良好的力学性能,采用壳体黏结式装药,在导弹和宇航火箭发动机中广泛应用。而双基推进剂的实际比冲仅为200~220秒钟,密度为1.6克/厘米^3,采用自由装填式装药,适用于常规武器。

复合推进剂既是固体发动机的燃料,又起到结构材料的一部分作用。所选用的聚合物的种类极其性质对推进剂的性能有很大的影响。因此,以各种聚合物为基体的推进剂得到不断发展。自1944年美国首先研究成功沥青—过氯酸钾复合推进剂以来,先后又研究成功聚硫橡胶型、聚氯乙烯型、聚氨酯型、聚丁二烯型等复合推进剂。目前,以端羟基聚丁二烯推进剂的性能最佳,并获得广泛应用。

太阳能电池材料

太阳能是人类取之不尽、用之不竭的可再生性能源,也是清洁能源,不产生任何的环境污染。在太阳能的有效利用当中;太阳能光电利用是近些年来发展最快、最具有活力的研究领域,是其中最受瞩目的项目之一。为此,人们研制和开发了太阳能电池。

制作太阳能电池主要是以半导体材料为基础,其工作原理是利用光电材料吸收光能后发生光电子转换反应。根据所用材料的不同,太阳能电池可分为以下几种:

(1) 硅太阳能电池。

(2) 以无机盐如砷化镓 III - V 化合物、硫化镉、铜铟硒等多元化合物为材料的电池。

(3) 功能高分子材料制备的太阳能电池。

(4) 纳米晶太阳能电池等。

不论以何种材料来制作电池,对太阳能电池材料一般的要求有:①半导体材料的禁带不能太宽;②要有较高的光电转换效率;③材料本身对环境不造成污染;④材料便于工业化生产且材料性能稳定。

基于以上几个方面考虑,硅是最理想的太阳能电池材料,这也是太阳能电池以硅材料为主的主要原因。但随着新材料的不断开发和相关技术的发展,以其他材料为基础的太阳能电池也愈来愈显示出诱人的前景,具体表现在以下几个方面:

单晶硅太阳能电池

硅系列太阳能电池中,单晶硅太阳能电池转换效率最高,技术也最为成熟。高性能单晶硅电池是建立在高质量单晶硅材料和相关的成熟的加工处理工艺基础上的。现在单晶硅的电池工艺已近成熟,在电池制作中,一般都采用表面积构化、发射区钝化、分区掺杂等技术,开发的电池主要有平面单晶硅电池和刻槽埋栅电极单晶硅电池。提高转化效率主要是靠单晶硅表面微结构

单晶硅太阳能电池

处理和分区掺杂工艺。在此方面,德国夫朗霍费费莱堡太阳能系统研究所保持着世界领先水平。

多元化合物薄膜太阳能电池

为了寻找单晶硅电池的替代品,人们除开发了多晶硅、非晶硅薄膜太阳能电池外,又不断研制其他材料的太阳能电池。其中主要包括砷化镓III-V族化合物、硫化镉、硫化镉及铜铟硒薄膜电池等。上述电池中,尽管硫化镉、碲化镉多晶薄膜电池的效率较非晶硅薄膜太阳能电池效率高,成本较单晶硅电池低,并且也易于大规模生产,但由于镉有剧毒,会对环境造成严重的污染,因此,并不是晶体硅太阳能电池最理想的替代品。

铜铟硒($CuInSe_2$)简称CIS。铜铟硒材料的能隙为1.1 eV,适于太阳光的光电转换,另外,铜铟硒薄膜太阳电池不存在光致衰退问题。因此,铜铟硒用作高转换效率薄膜太阳能电池材料也引起了人们的注目。

铜铟硒是不错的太阳能电池半导体材料

铜铟硒电池薄膜的制备主要有真空蒸镀法和硒化法。真空蒸镀法是采用各自的蒸发源蒸镀铜、铟和硒，硒化法是使用硒化氢（注：硒化氢是目前世界上最臭的物质）叠层膜硒化，但该法难以得到组成均匀的铜铟硒。

铜铟硒作为太阳能电池的半导体材料，具有价格低廉、性能良好和工艺简单等优点，将成为今后发展太阳能电池的一个重要方向。惟一的问题是材料的来源，铟和硒都是比较稀有的元素，因此，这类电池的发展必然受到限制。

聚合物多层修饰电极型太阳能电池

在太阳能电池中以聚合物代替无机材料是刚刚开始的一个太阳能电池制作的研究方向。其原理是利用不同氧化还原型聚合物的不同氧化还原电势，在导电材料（电极）表面进行多层复合，制成类似无机 P－N 结的单向导电装置。其中一个电极的内层由还原电位较低的聚合物修饰，外层聚合物的还原电位较高，电子转移方向只能由内层向外层转移；另一个电极的修饰正好相反，并且第一个电极上两种聚合物的还原电位均高于后者的两种聚合物的还原电位。当两个修饰电极放入含有光敏化剂的电解波中时，光敏化剂吸光后产生的电子转移到还原电位较低的电极上，还原电位较低电极上积累的电子不能向外层聚合物转移，只能通过外电路通过还原电位较高的电极回到电解液，因此外电路中有光电流产生。

由于有机材料柔性好、制作容易、材料来源广泛、成本低等优势，从而对大规模利用太阳能、提供廉价电能具有重要意义。但以有机材料制备太阳能电池的研究仅仅刚开始，不论是使用寿命，还是电池效率都不能和无机材料特别是硅电池相比。能否发展成为具有实用意义的产品，有待于进一步研究。

纳米晶化学太阳能电池

在太阳能电池中硅系太阳能电池无疑是发展最成熟的,但由于成本居高不下,远不能满足大规模推广应用的要求。为此,人们一直不断在工艺、新材料、电池薄膜化等方面进行探索,而这当中新近发展的纳米 TiO_2 晶体化学能太阳能电池受到国内外科学家的重视。

自瑞士格拉特教授成功研制纳米 TiO_2 化学太阳能电池以来,国内一些单位也正在进行这方面的研究。

纳米晶化学太阳能电池(简称 NPC 电池)是由一种在禁带半导体材料修饰、组装到另一种大能隙半导体材料上形成的,窄禁带半导体材料采用过渡金属钌以及锇等的有机化合物敏化染料、大能隙半导体材料为纳米多晶 TiO_2 并制成电极,此外 NPC 电池还选用适当的氧化—还原电解质。纳米晶 TiO_2 工作原理是,染料分子吸收太阳光能跃迁到激发态,激发态不稳定,电子快速注入紧邻的 TiO_2 导带,染料中失去的电子则很快从电解质中得到补偿,进入 TiO_2 导带中的电子最终进入导电膜,然后通过外回路产生光电流。

纳米晶化学太阳能电池

纳米晶 TiO_2 太阳能电池的优点在于它廉价的成本和简单的工艺及稳定的性能。其光电效率稳定在 10% 以上,制作成本仅为硅太阳电池的 1/10~1/5,寿命能达到 20 年以上。但由于此类电池的研究和开发刚刚起步,估计不久会逐步走上市场。

太阳能

太阳能是氢原子核在超高温时聚变释放的巨大能量,太阳能是人类能源的宝库，人类所需能量的绝大部分都直接或间接地来自太阳。正是各种植物通过光合作用把太阳能转变成化学能在植物体内储存下来。煤炭、石油、天然气等化石燃料也是由古代埋在地下的动植物经过漫长的地质年代形成的。它们实质上是由古代生物固定下来的太阳能。此外，水能、风能等也都是由太阳能转换来的。

化石能源、生物质能等间接利用太阳能，而直接利用太阳能的有集热器，分为平板型集热器和聚光式集热器，太阳能电池一般应用在人造卫星、宇宙飞船、打火机、手表等方面。

碳纤维叶片

对于风力发电而言，碳纤维是即将来临的潮流，而风力发电的基础——叶片也将会受到这场潮流的"洗礼"。

一般较小型的叶片（如22米长）选用大量价廉的E—玻纤增强塑料，树脂基体以不饱和聚酯为主，也可选用乙烯酯或环氧树脂，而较大型的叶片（如42米以上）一般采用CFRP或CF与GF的混杂复合材料，树脂基体以环氧为主。GE风能的叶片工程的全球经理说，设计师们在寻找轻质高强度材料的过程中，选择了碳纤维应用于叶片设计中。因此，玻璃纤维和碳纤维是目前叶片制造中最为重要的两种材料。

叶片是风力发电机中最基础和最关键的部件，其良好的设计、可靠的质量和优越的性能是保证机组正常稳定运行的决定因素。

恶劣的环境和长期不停的运转，对叶片的要求是：比重轻且具有最佳的疲劳强度和机械性能，能经受暴风等极端恶劣条件和随机负荷的考验；叶片的弹性、旋转时的惯性及其振动频率特性曲线都正常，传递给整个发电系统的负荷稳定性好；耐腐蚀、紫外线照射和雷击的性能好；发电成本较低，维护费用最低。

为满足上述要求，提高机组的经济性，叶片的尺寸增大可以改善风力发电的经济性，降低成本。叶片长度从1980年的4.5米发展到今天的61.5米，容量从当初的55千瓦发展到今天的5兆瓦。

1970年的风力机叶片主要有钢材、铝材或木材制成，今天选择的材料以

能源材料

E—玻纤增强塑料（GFRP）居多，目前已开始采用碳纤维复合材料（CFRP），叶片材料的开发顺应了叶片大型化和轻量化的方向发展。近代的微、小型风力发电机也有采用木制叶片的，但木制叶片不易做成扭曲型。大、中型风力发电机很少用木制叶片，采用木制叶片的也是用强度很好的整体木方做叶片纵梁来承担叶片在工作时所必须承担的力和弯矩。钢梁玻璃纤维蒙皮叶片在近代采用钢管或 D 型型钢做纵梁，钢板做肋梁，内填泡沫塑料外覆玻璃钢蒙皮的结构形式，一般在大型风力发电机上使用。叶片纵梁的钢管及 D 型型钢从叶根至叶尖的截面应逐渐变小，以满足扭曲叶片的要求并减轻叶片重量，即做成等强度梁。用铝合金挤压成型的等弦长叶片易于制造，可连续生产，又可按设计要求的扭曲进行扭曲加工，叶根与轮毂连接的轴及法兰可通过焊接或螺栓连接来实现。

  铝合金叶片重量轻，易于加工，但不能做到从叶根至叶尖渐缩的叶片，因为目前世界各国尚未解决这种挤压工艺。所谓玻璃钢，就是环氧树脂、不饱和树脂等塑料渗入长度不同的玻璃纤维或碳纤维而做成的增强塑料。

  增强塑料强度高、重量轻、耐老化，表面可再缠玻璃纤维及涂环氧树脂，其他部分填充泡沫塑料。玻璃纤维的质量还可以通过表面改性、上浆和涂覆加以改进。LM 玻璃纤维公司现致力于开发长达 54 米的全玻纤叶片，即玻璃钢复合叶片。20 世纪末，世界工业发达国家的大、中型风力发电机产品的叶片，基本上采用型钢纵梁、夹层玻璃钢肋梁及叶根与轮毂连接用金属结构的复合材料做叶片。

  风力发电转子叶片用的材料根据叶片长度不同而选用不同的复合材料，目前最普遍采用的是玻璃纤维增强聚酯树脂、玻璃纤维增强环氧树脂和碳纤维增强环氧树脂。

  美国的研究表明，采用射电频率等离子体沉积去涂覆 E—玻纤，其耐拉伸疲劳就可以达到碳纤维的水平，而且经这种处理后可以降低实际上导致损害的纤维间微振磨损。LM 玻璃纤维公司进一步开发以玻璃钢为主，在横梁和叶片端部只少量选用碳纤维的 61 米大型叶片，以发展 5 兆瓦的风力机。碳纤维复合叶片随着发电单机功率的增大，要求叶片长度不断增加，其在风力发电上的应用也将会不断扩大。对叶片来讲，刚度也是一个十分重要的指标。

  研究表明，碳纤维复合材料叶片刚度是玻璃钢复合叶片的 2~3 倍。虽然碳纤维复合材料的性能大大优于玻璃纤维复合材料，但价格昂贵，影响了它在风力发电上的大范围应用。因此，全球各大复合材料公司正在从原材料、工艺技术、质量控制等各方面深入研究，以求降低成本。

风　能

风是地球上的一种自然现象，它是由太阳辐射热引起的。太阳照射到地球表面，地球表面各处受热不同，产生温差，从而引起大气的对流运动而形成风。

风能是因空气流做功而提供给人类的一种可利用的能量。空气流具有的动能称风能。空气流速越高，动能越大。人们可以用风车把风的动能转化为旋转的动作去推动发电机，以产生电力。

方法是透过传动轴，将转子（由以空气动力推动的扇叶组成）的旋转动力传送至发电机。到 2008 年为止，全世界以风力产生的电力约有 94.1 百万千瓦，供应的电力已超过全世界用量的 1%。风能虽然对大多数国家而言还不是主要的能源，但在 1999 年到 2005 年已经大了四倍以上。

智能材料

ZHINENG CAILIAO

生物体有预报寿命功能、自我修复功能、自我学习功能、自我分解功能、自净功能和守恒性。科学家们极想模仿生物体，试图把这些功能纳入到所制造的材料和系统中去，于是，智能材料便出现了。

智能材料就是兼备自行探测（传感器功能）、自行判断、自作结论（处理器功能）或发指令、采取行动（操纵装置或传动装置功能）等功能的材料。

智能材料是一种极其有用的材料。例如，用传感器、处理器和制动器构成的完全的机器人装置，已服务于各行各业，如石油勘探、深水作业、焊接、寻找地下水，以及在外星球上从事采集样品、丈量土地和考察地貌等。

智能材料是现代高技术新材料发展的重要方向之一，将支撑未来高技术的发展，使传统意义下的功能材料和结构材料之间的界线逐渐消失，实现结构功能化、功能多样化。智能材料的研制和大规模应用必将导致材料科学发展的重大革命。

调温纤维

纤维的一个重要研究方向就是智能纤维,所谓智能纤维,是指当纤维所处的环境发生变化时,纤维的长度、形状、温度、颜色和渗透速率等随之发生敏锐响应,即突跃性变化的纤维。能够感知环境的变化或刺激(机械、热、化学、光、湿度、电磁等),并能做出反应;具有普通纤维长径比大的特点,机械性能高,能加工成多种产品。

智能纤维主要包括光敏纤维、温敏纤维、pH值响应性凝胶纤维、导电纤维、形状记忆纤维、蓄热调温纤维、智能抗菌纤维等。下面我们来看看温敏纤维,也就是调温纤维。

调温纤维是将磷酸氢二钠、石蜡等介质充填进粘胶纤维或聚丙烯中空纤维的中空部分,通过这些介质在温度变化时吸收热量,从而研制出具有温度调节功能的纤维,调温纤维具有良好的调温效果。

目前,西方国家正在研制由自动调温的化学纤维制成的军服,它对周围的温度反应特别敏感,可随温度的变化而变化,使服装内形成一个小气候环境。

酷暑季节,调温纤维自行收缩使编织物的孔眼张开而通风透气,大大地提高军服的散热能力;寒冬腊月,调温纤维又可自行膨胀,使编织物的孔眼闭合而阻止空气流通,从而提高军服的保暖能力。

紫外线和热屏蔽纤维在遮挡紫外线的同时也能对可见光和红外线起到一定的屏蔽作用,因此具有较好的降温效果。由这种纤维制成的织物内,温度可较普通棉织物低2℃~3℃,使穿着这种织物服装的人明显感到凉爽。如今,航天事业的探索同样伴随着各种纺织品的开发,多层织物做成的宇宙服穿着舒适,为宇航员提供了保护。登月舱及宇航员返回地面的降落伞也是用坚牢质轻的材料制成的。太空运载工具的热屏蔽罩能经受上千度华氏温度,其中就有纺织纤维的功劳。

军人在日常生活以及训练、执勤、处置突发事件中,身体与环境之间处于不断的能量质量交换中,人体的舒适感觉取决于人体本身产生的热量水分和周围环境散失热量水分等之间能量交换的平衡。人体有90%~95%的热量

智能材料

散发是通过皮肤以辐射、对流、传导、蒸发等方式进行的。采用在化学纤维内混合金属粉末后涂层而促进热散发的办法能生产出热散发好的织物。

近年来，随着科学的发展，国内对智能调温纺织品的需求越来越迫切，组织力量对蓄热调温功能的智能纺织品攻关是对传统纺织染整加工技术的挑战，可大幅提高产品附加值、满足市场需求，对带动各类新型智能纺织品加工技术的发展有着积极和重要的意义，必将会带来良好的经济效益。

蓄热调温纺织品对外界环境的温度有着独特的智能响应性，针对外界环境温度的变化，通过纺织品中蓄热储能材料在纺织品周围形成一个温度基本恒定的局部气候，实现了温度调节，可广泛应用于床上用品、鞋类产品、内衣服装和外套服装等。

智能材料三元素

智能材料的构想来源于仿生，所谓仿生就是模仿大自然中生物的一些独特功能制造人类使用的工具，如模仿蜻蜓制造飞机等等，它的目标就是想研制出一种材料，使它成为具有类似于生物的各种功能的"活"的材料。因此智能材料必须具备感知、驱动和控制这三个基本元素。但是现有的材料一般比较单一，难以满足智能材料的要求，所以智能材料一般由两种或两种以上的材料复合构成一个智能材料系统。这就使得智能材料的设计、制造、加工和性能结构特征均涉及了材料学的最前沿领域，使智能材料代表了材料科学的最活跃方面和最先进的发展方向。

变色纤维

变色纤维是其在受到光、热、气、液或辐射等外界刺激后，具有能自动显色、消色或呈现有色变化这些变色功能的纤维。在变色纤维中，较广泛开发应用的是具有可逆变色功能的光致变色纤维和热致变色纤维。

光致变色纤维是指某些物质在一定波长光的照射下会发生变色，而在另一种波长的光或热的作用下又会可逆地变化到原来颜色的现象。具有光致变色功能的纤维称为光致变色纤维或光敏变色纤维。多数光致变色纤维能够在停止光照后恢复原来颜色。光致变色纤维是通过各种途径将具有光致变色特性的物质（光致变色体）引入纤维而制得。

　　光致变色纤维由于其颜色能随外界环境变化而发生可逆变化，因此可使服饰制品的色彩富于变化，不但可满足当代消费者追求新颖的消费心理，而且使人类与环境的关系更加协调。用光致变色纤维可制成各种光致变色绣花丝绒、针织纱、机织纱等，用于装饰皮革、运动鞋、毛衣等诸多制品。光致变色纤维还可用于安全服、防伪制品、床罩及灯罩、窗帘等室内装饰品，如用于制作光致变色窗帘，可调节室内光线。

　　在军事上，光致变色纤维可作为伪装装置隐蔽材料用于军需装备、军服等。早在越南战争期间，美国就曾将光致变色织物用于作战服装，以达到军事伪装的目的。

　　热致变色是指物质受到热或冷时所发生的颜色变化现象。当这种颜色转变具有可逆性时，则为可逆热致变色。所谓热致变色纤维，通常就是指具有可逆热致变色功能纤维，又称热敏变色纤维。热致变色纤维主要是通过在纤维中或其表面引入可逆热致变色材料而制得。

　　热致变色纤维可用于制作热致变色滑雪服、游泳衣等运动服装，以及日常穿着等的变色服装，其不仅具有新颖性，而且可提高某些场合下的可视性，并可由于颜色的变化而调节服装织物对太阳能的吸收特性，从而调节温度。可以把微胶囊化的热致变色液晶在黑色布料上印制成各种图案，温度变化时黑色布料上呈现出红、绿、蓝等各种鲜艳的彩色图案，用于制作别具特色的变色服装。用热致变色纤维制作变色灯罩、窗帘等，可调节光线。热致变色纤维用作某些仪器、设备、管道等的表面或外包材料，当温度变化时较易发现，可起到安全标志的作用。具有特定变色温度的纤维可用作乳腺癌、甲状腺癌等部位皮肤的贴敷材料，或用作受伤部位的贴敷或包扎材料，较小的温差即可由显示的不同色彩反映出来，以利于诊断和治疗。热致变色纤维还可用于变色玩具、防伪标识、测温元件及军事伪装等方面。热致变色纤维与光致变色等功能的纤维结合使用，将具有更广阔的应用前景。

　　除光致变色和热致变色纤维外，近年开发的还有气致变色、辐射变色、生化变色等变色纤维。在常规纤维上分别沉积氧化钨层和催化剂层可制得气

智能材料

致变色纤维,其基于氧化还原反应和氧化钨的变价特性,在含有微量氢气的惰性气体环境下即可显色,而当遇到氧气或空气时则退色。日本一家公司开发的气致变色纤维具有遇到氨系气体时变成粉红色或紫色的特性,可及时检测到氨的存在。

将某些吸收辐射波后会改变颜色的化合物(如可产生荧光的物质)引入纤维中,可制得辐射变色纤维。采用中空纤维中充满染料,同时染料中悬浮节电颜料粒子的方法,使用不同颜色的染料和颜料制备纤维,当用类似电泳的方法控制颜料粒子朝向或背离纤维织物的外表时,织物会呈现不同的颜色。将能在可见光下发生氧化还原反应、色泽变化可逆的硫堇衍生物导入聚合物,然后纺成纤维,该纤维不仅对光线敏感,而且湿度变化也能够引起变色,可用于测定空气中的湿度等。这些其他变色纤维的种类很多,它们在生化物质或辐射检测、特种安全生产服或防护服、特殊防伪标记和军事伪装等许多特殊用途方面具有应用前景。

光敏纤维

所谓光敏纤维,就是在光的作用下,颜色、力学等性能会发生可逆变化的纤维。在光敏纤维中,研究的热点是光致变色纤维。它是通过在纤维中引入光致变色体而制得。对于有机化合物而言,光致变色往往与分子结构的变化联系在一起。

目前,光致变色纤维的研究已在日本等发达国家取得较大进展,如松井色素化学工业公司制成的光致变色纤维,在无阳光的条件下不变色,在阳光或紫外线照射下显深绿色。

如今,人们利用仿生学的原理与高新技术研制成功一种能自动变色的化学纤维,称为光敏变色纤维。它是采用纤维中引入具有光敏变色性化合物,或合成能变色的聚合物纺丝的方法。该纤维制品不仅对光线十分敏感,而且湿度变化也能够引起颜色变化。如果把这种变色纤维采用光色性染料进行染色后,便能随着周围环境的光色变化而改变颜色。另外,还有一种热敏变色纤维,它能随温度的升高而显示出与常温下不同的颜色。

这种光敏纤维制作的"变色服",首先开发的是能够随着周围环境的变化而自动变色的军服，它是由变色纤维制造的，或是织物采用变色染料印染而成的训练服。自动变色的新技术研究成功，将为部队的伪装和隐蔽提供了极大的方便。采用变色纤维制作的伪装服，可随地貌环境的变化而交替变换不同的颜色。

目前这种光学纤维用于民用服装也将大放异彩，可获得更为奇特的效果。国外有的科学家根据变色军服的原理，研制出一种新的化学纤维，它并不是随着环境的变化马上改变颜色，而是有一定时间的稳定性和变色的滞后性。这种变色纤维在受到一定光照改变颜色后，可保持 24 小时不变。这样，当你每天外出前可按照自己喜爱的色彩改变一下服装的颜色，每天换一次颜色犹如每天穿一件新衣服，对那些爱美、爱时髦的青年来说，买上一件这样的衣服，能顶上好几件衣服，确实很不错。

温控变色纤维不是纤维本身的颜色会改变，而是使封入液晶的微胶囊附在纤维上使颜色起变化的。胶囊中含有特殊色素和发色剂，在一定的温度下，反复进行结合而发色，切断而清除色。现在被商品化的是以 T 恤为主的服装，变化的标准温度一般设定在 27 ℃，除了气温超过 27 ℃的盛夏的白天以外，在平时面料颜色也很易起变化，这和人本身的体温有关系，T 恤直接与肌肤接触，所接触的部分有 30 ℃左右的热，这种变化是否会到达 T 恤的表面，则看接触时间而定。透过外界温度、衣服内温度以及体温三者的综合作用，T 恤的表面有时也会出现意想不到的花纹。而且花纹还会因身体的活动，就如同活的东西一样地起变化。因此，温控变色纤维可以制造出前所未有的趣味性极高的商品。活用该技术的 T 恤的开发于美国，进而在欧洲普及起来，现在也将在日本大行其道。

变色纤维材料是近些年来迅速发展、极富生命力的高技术功能纤维，它具有高附加值和高效益。随着高新技术不断引入该领域，变色纤维还会继续发展并完善。随着人们对服装高档化、个性化要求的日益增强和对功能性整理织物要求的提高，开发新型变色纤维材料、变色织物将有良好的发展前途和广阔的应用前景。变色织物可广泛应用于 T 恤衫、裤子、游泳衣、休闲运动服、工作服、儿童服装、窗帘、玩具等。在军事上可作为军事伪装；在防伪领域可作为防伪材料广泛应用于票据、证件、商标等。

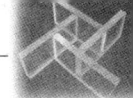

智能材料

智能材料七大特征

由于设计智能材料的两个指导思想是材料的多功能复合和材料的仿生设计,所以智能材料系统具有或部分具有如下的智能功能和生命特征:(1) 传感功能:能够感知外界或自身所处的环境条件。(2) 反馈功能:可通过传感网络,对系统输入与输出信息进行对比,并将其结果提供给控制系统。(3) 信息识别与积累功能:能够识别传感网络得到的各类信息并将其积累起来。(4) 响应功能:能够根据外界环境和内部条件变化,适时动态地作出相应的反应,并采取必要行动。(5) 自诊断能力:能通过分析比较系统目前的状况与过去的情况。(6) 自修复能力:能通过自繁殖、自生长、原位复合等再生机制,来修补某些局部损伤或破坏。(7) 自调节能力:对不断变化的外部环境和条件,能及时地自动调整自身结构和功能,并相应地改变自己的状态和行为。

热敏纤维

近年以来,智能纤维的发展越来越受到人们的关注,它是在材料已有的物性和功能性的基础上加上信息的内容,可解决人和机器在精确性方面存在的极大差异。智能纤维的形状、温度、颜色等可随着环境的变化而变化。热敏纤维属于智能纤维中的一种,其性能会随温度发生可逆变化,目前的主要种类有相变调温纤维、调温调湿纤维、热敏变色纤维等。

热敏纤维,或者热敏变色纤维,是指随温度的升高能显示在常温下不同色泽的纤维。如含金属钛(或铪、锆)的纤维,在常温下呈黄色,加热至300~400 ℃,变为灰黑色,继续加热至500~600 ℃时,呈白色,而到1000 ℃,即变灰白色。

制法是采用将含钛(或铪、锆)的有机金属化合物与对苯二甲酸共缩聚,制得分子量为104~106的聚合物,然后溶于适当溶剂中纺丝而得,可用作测温仪表用的热敏元件等。

获得热敏变色纤维的方法除了将热敏变色剂充填到纤维内部外，还可将含热敏变色微胶囊的氯乙烯聚合物溶液涂于纤维表面，并经热处理使溶液成凝胶状来获得可逆的热敏变色功效。

英国默克化学公司将热敏化合物掺到染料中去，再印染到织物上。染料由黏合剂树脂的微小胶囊组成，每个胶囊都有液晶，液晶能随温度的变化而呈现不同的折射率，使服装变幻出多种色彩。通常在温度较低时服装呈黑色，在28℃时呈红色，到33℃时则会变成蓝色，介于28～33℃会产生出其他各种色彩。目前，默克公司已掌握了精细地调整热敏变色材料的技术，使这种面料能在常温范围内显示出缤纷色彩。

由此设计出来的变色服装，根据光学原理和热学原理研制而成。分为光敏变色和热敏变色两种。白天是一种颜色，晚上是一种颜色；高于27℃是一种颜色，低于27℃是一种颜色。变色染料配合图案的设计，并且还添加一种新型化学纤维，制造出服装颜色变化，并且使图案变化，打破了普通染料只能印制静止图案、长时间漂洗容易掉色的限制。使处理过看似普通的服装或包饰，离开阳光或一见阳光，就可以瞬间变化出不同的色彩，阳光越强，色彩变化越大，令人耳目一新，奇妙无比！这种服装不仅手感柔软，更具有良好的伸缩性、吸湿性，久洗不变形，不起球，不影响变色效果，消费者可以放心大胆的穿着。

能预警和自动加固的机翼

飞机能飞，主要靠发动机和机翼，如果机翼断裂，就像飞鸟折断了翅膀。因此，在飞行中使机翼自己能"感觉"到将要发生故障，提前向飞行员发出警报并自行加固或修复是防止空难的关键。

方法之一是在高性能的机翼材料中事先嵌入细小的光纤，由于机翼中布满了纵横交错的光纤，它们就能像"神经"那样感受到机翼上受到的不同压力，因为通过测量光纤传输光线时的变化，可以测出飞机机翼承受的不同压力，在受力极端严重的情况下，有些光纤就会断裂，光线传输就会中断，于是就能发出即将出现事故的警告，这就相当于向飞行员喊"哎哟"和"救

智能材料

命"。美国多伦多大学光纤智能结构实验室正在研究这种具有自己的"神经系统"的机翼。

但仅能发现问题和发出报警的材料还不能算高级的智能材料。只有在遇险时自己解决问题的材料才是最理想的。美国密歇根州立大学的穆凯席·甘迪教授领导的一个科研小组就在研究一种能自动加固的直升机水平旋翼叶片,当叶片在飞行中遇到疾风作用而猛烈振动时,叶片为防止过载受损会自动加固。原来,在这种叶片中,事先嵌进了均匀分布的极微小的液滴压电材料,这种压电材料在一定电压条件下能从液体状态变为固体状态而使叶片自动加固,抗御疾风引起的过载破坏。

能自动加固的机翼

气敏材料

20世纪80年代末,在英国发生了一起特大的暴风雪,一辆在中途抛锚的汽车被困在暴风雪中,等待救援的司机和乘客在严寒的风雪中冻得瑟瑟发抖。为了取暖,司机就用汽车发动机开动暖气,使乘客们不致忍受挨冻之苦,不料,由于燃烧的废气中含有一氧化碳,结果乘客都因煤气中毒而死。这一事故在英国引起了很大的轰动。后来有人说,如果汽车内有一个报警装置,能感受到空气中有一氧化碳存在,及时发出警报,或许这一车人就得救了。

1990年下半年,苏联的大马戏团来北

机械人工鼻

京演出，住在离北京火车站不远的北京国际饭店，马戏团招募的一位工作人员也随团住在客房中。这位工作人员有吸烟的习惯，吸烟时随手把未熄灭的火柴梗扔进了一个纸篓里就出去办事去了，结果火柴引着了纸篓，接着引着了地毯，眼看一场火灾就可能出现，幸亏在这座现代化的国际饭店的每个客房内都安装有烟雾报警器，在烟雾弥漫时能发出警铃鸣响。服务人员听到报警铃声，立即提着灭火器冲进烟雾腾腾的客房，一场后果不堪设想的火灾避免了。

原来，在这种烟雾报警器中，有一个类似人的嗅觉系统的烟雾传感器，是用一种叫气敏材料做成的敏感元件制造的。气敏材料有一种本事，当它遇到一氧化碳和烟雾一类的气体时，它的电阻值就立即发生变化，人们利用这个特点，把气敏材料做的烟雾报警传感器装在室内，并和一个报警电路连接起来，这样，只要室内的烟雾在空气中的浓度达到预定的报警线时，电路中的电阻就发生变化，并自动接通报警器，发出声响。现在凡是现代化的大宾馆的客房中都装有烟雾报警器。

英国的运输部门，在出了那次暴风雪中汽车乘客被一氧化碳等废气熏死的惨剧之后，接受了教训，立即委托英国曼彻斯特大学科技学院的研究人员，研制出适合在汽车上使用的"人工鼻"，这种人工鼻和汽车上的一个报警铃相连。当一氧化碳等有毒气体的浓度达到危险程度时，警铃就会发出声响，告诉司机：危险！

这种人工鼻实际上和烟雾报警器很类似，它是把探测一氧化碳等有毒气体的气敏材料传感器和电子线路集中安装在一个只有指甲大小的硅片上。1991年初，曼彻斯特大学科技学院终于制造出一种人工鼻，约30厘米长，在试验中证明，这个人工鼻对有些气体的嗅觉，甚至胜过嗅觉非常灵敏的狗和猪。除了可在汽车上使用外，也可以安装在住宅、工厂和其他车辆中，监测有毒的一氧化碳气体可能对人类造成的危害。

1991年初，日本索尼公司也制造出一种能分辨臭味的人造鼻。它的嗅觉灵敏度和反应速度几乎同人鼻一样，只要空气中有$1/10^9$克的臭味分子，它在2秒钟内就能做出反应，这种能模仿活体鼻子识别臭味的人造鼻是世界首创。其中识别臭味的传感器是用花生酸、二十三烷酸和二十三碳烯酸等5种有机酸制成的。制造传感器的材料成分不同时，可以分辨不同臭味分子的含量。

生物医用材料

SHENGWU YIYONG CAILIAO

生物医用材料包括两类，生物医学功能材料和卫生保健功能材料。这两类都与人体直接密切相关：前者涉及人的生命、病伤修复和活动能力；后者主要是保健，改善生活质量，减少疾病发生，减轻病人痛苦。两者之间有联系但其功能和作用、用途不完全相同。

生物医用材料近30年的飞速发展，是得益于组织工程学、纳米技术、材料表面改性技术的持续突破。生物医用材料是生物医学工程（BME）研究和开发用的材料，是一类用于诊断、治疗或替换人体组织、器官或增进其功能的新型高技术材料。按材料的性质划分，生物医用材料可分为医用金属材料、医用高分子材料、生物陶瓷材料和生物医学复合材料等。按应用领域又可分为可降解与吸收材料、组织工程材料与人工器官、控制释放材料、仿生智能材料等。

生物医用材料因为是用在人身上，所以必须具有四个特性：（1）生物功能性。因各种生物材料的用途而异，如：作为缓释药物时，药物的缓释性能就是其生物功能性。（2）生物相容性。可概括为材料和活体之间的相互关系，主要包括血液相容性和组织相容性。（3）化学稳定性。耐生物老化性或可生物降解性。（4）可加工性。能够成型、消毒（紫外灭菌、高压煮沸、环氧乙烷气体消毒、酒精消毒等）。

医用碳素材料

自20世纪60年代首次用低温热解同性碳制造出人工机械心瓣并临床应用成功以后,由于碳素材料具有十分突出的生物相容性和适中的机械性能,国内外对新型医用材料的开发应用研究一直十分活跃。总体上看,医用碳素材料主要是作为假体植入到体内修复或替代被破坏的器官的功能。一方面,医用碳素材料是一种化学惰性材料,具有良好的生物相容性,在体内不会因被腐蚀或磨损,不会产生对机体有害的离子,低温热解同性碳还具有罕见的抗血凝性能,可直接应用于心血管系统;另一方面,与金属材料相比,医用碳素材料又具有良好的"生物力学相容性",尤其是碳纤维问世以来,碳/碳复合材料、碳纤维增强树脂等多种高性能结构材料不断涌现,它们可容高强度低模量于一身,并具有很好的抗疲劳性能,因此医用碳素材料作为修复或替代受损骨组织的材料已较为广泛地应用于骨伤外科。这里重点介绍医用碳素材料在临床应用方面的进展。

1. 医用碳素材料在心血管系统中的应用

人工机械心脏瓣膜自1969年临床应用成功后,不到10年时间就有20多万人植入了这种人工心瓣,其中大约70%是用掺硅低温热解同性碳制成的。同类型机械心瓣在国内也于1978年应用于临床。通过完善机械心瓣的结构来不断改善心瓣的功能仍是当前研究的热点,国内已有双叶翼型瓣的开发研究报告。

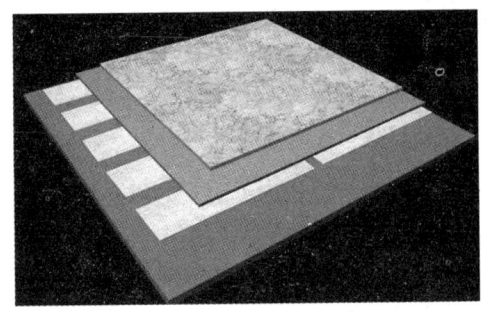

医用的碳素材料

2. 医用碳素材料在修复结缔组织中的应用

碳纤维及其织造物作为修复损伤的韧带与肌腱,国内已广泛应用于临床,当碳纤维作为腱的取代物移入体内后起柔性固定的作用,碳纤维相当于支架,新的腱逐渐在碳纤维周围形成并最终取而代之。通过碳纤维网袋悬吊术可治

疗肾下垂。用碳纤维增强的壳聚糖复合膜的力学性能和抗卷曲性可得到明显改善，可望用于张力部位的体内修补和缝合。

3. 医用碳素材料在牙科中的应用

碳素材料在牙科主要是作为骨内种植体代替损失的牙根，广泛应用于宇航工业的碳/碳复合材料制成的牙种植体在强度上已能满足要求。与金属牙种植体相比，碳质种植体的优势在于弹性模量与骨质相近，表面易制出多孔膜，所以这种种植体植入后不易松动。有一期临床试验结果表明：使用碳/碳复合材料制成的牙种植体可以防止牙槽骨的吸收。在提高牙种植体与牙槽骨的结合强度方面，主要有两种方法：一种是在牙种植体的表面制成一层坚固的细密网架结构薄层（FRS膜）；另一种方法是将碳质种植体表面用钙、磷离子膜化。

4. 医用碳素材料在骨伤外科中的应用

在下肢不等长畸形的肢体延长矫正手术中，用碳—碳复合材料制成的圆骨针取代不锈钢圆骨针可减少组织反应和感染的机会。处理骨折时为避免金属内骨板带来的应力屏蔽效应，可采用碳—碳复合材料或碳纤维增强树脂制造的内骨板，国内已有碳纤维增强塑料内置式接骨板的研制报告。用碳纤维编织带内固定治疗髌骨骨折也已用于临床。对于难以愈合的关节损伤，有时必须考虑关节置换术。国内应用于临床的有碳—钛组合式股骨头和碳质髋臼杯、碳质肱骨头、碳纤维增强塑料人工肋骨等。尽管碳素材料良好的生物相容性已被公认，但也有一例碳纤维植入致骨坏死的报告，所以临床应用碳素材料时也应注意个体差异。

碳纤维

碳纤维，顾名思义，不仅具有碳材料的固有本征特性，又兼具纺织纤维的柔软可加工性，是新一代增强纤维。它是由有机纤维经碳化及石墨化处理而得到的微晶石墨材料。碳纤维的微观结构类似人造石墨，是乱层石墨结构。

碳纤维是一种力学性能优异的新材料，它的比重不到钢的1/4，碳纤维树脂复合材料抗拉强度一般都在3500Mpa以上，是钢的7~9倍，抗拉弹性模量为 230～430Gpa 亦高于钢。

碳纤维可加工成织物、毡、席、带、纸及其他材料。传统使用中碳纤维除用作绝热保温材料外，一般不单独使用，多作为增强材料加入到树脂、金属、陶瓷、混凝土等材料中，构成复合材料。碳纤维增强的复合材料可用作飞机结构材料、电磁屏蔽除电材料、人工韧带等身体代用材料以及用于制造火箭外壳、机动船、工业机器人、汽车板簧和驱动轴等。

人工晶体

人工晶体，是一种植入眼内的人工透镜，取代天然晶状体的作用。第一枚人工晶体是由约翰·帕克、约翰·赫尔特和霍华德·瑞德利共同设计的，1949 年 11 月 29 日，瑞德利医生在伦敦 St. 汤姆森医院为病人植入了首枚人工晶体。

在第二次世界大战中，人们观察到某些受伤的飞行员眼中有玻璃弹片，却没有引起明显的、持续的炎症反应，于是想到玻璃或者一些高分子有机材料可以在眼内保持稳定，由此发明了人工晶体。

人工晶体的形态，通常是由一个圆形光学部和周边的支撑袢组成，光学部的直径一般在 5.5～6 毫米，这是因为，在夜间或暗光下，人的瞳孔会放大，直径可以达到 6 毫米左右，而过大的人工晶体在制造或者手术中都有一定的困难，因此主要生产厂商都使用 5.5～6 毫米的光学部直径。支撑袢的作用是固定人工晶体，形态就很多了，基本的可以是两个 C 型的线装支撑袢。

按照硬度，可以分为硬质人工晶体和软性人工晶体。软晶体又可以分为丙烯酸类晶体和硅凝胶类晶体。顾名思义，软晶体就是可折叠晶体。首先出现的是硬质人工晶体，这种晶体不能折叠，手术时需要一个与晶体光学部大小相同的切口（6 毫米左右），才能将晶体植入眼内。

到 20 世纪 80 年代后期 90 年代初，白内障超声乳化手术技术迅速发展，手术医生已经可以仅仅使用 3.2 毫米甚至更小的切口就已经可以清除白内障，但在安放人工晶体的时候却还需要扩大切口，才能植入。为了适应手术的进步，人工晶体的材料逐步改进，出现了可折叠的人工晶体，一个光学部直径 6 毫米的人工晶体，可以对折，甚至卷曲起来，通过植入镊或植入器将其植入，待进入眼内后，折叠的人工晶体会自动展开，支撑在指定的位置。

按照安放的位置，可以分为前房固定型人工晶体、虹膜固定型人工晶体、后房固定型人工晶体。通常人工晶体最佳的安放位置是在天然晶状体的囊袋内，也就是后房固定型人工晶体的位置，在这里可以比较好的保证人工晶体的位置居中，与周围组织没有摩擦，炎症反应较轻。但是在某些特殊情况下眼科医师也可能把人工晶体安放在其他的位置，例如，对于校正屈光不正的患者，可以保留其天然晶状体，进行有晶体眼的人工晶体植入；或者是对于手术中出现晶体囊袋破裂等并发症的患者，可以植入前房型人工晶体或者后房型人工晶体缝线固定。

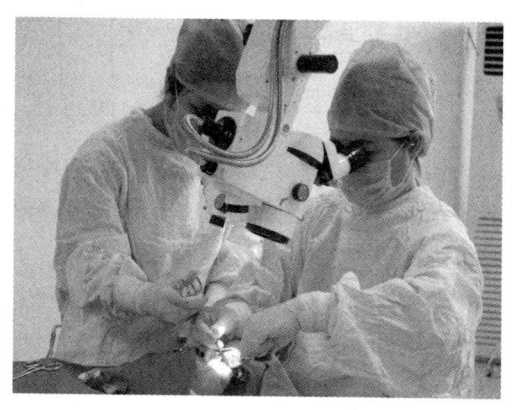

白内障手术使用人工晶体

PMMA 的粉末

人工晶体经过了数十年的发展，材料主要是由线性的多聚物和交连剂组成。通过改变多聚物的化学组成，可以改变人工晶体的折射率、硬度等等。

最经典的人工晶体材料是PMMA，是表面肝素处理晶体，也就是聚甲基丙烯酸甲酯。这种材料是疏水性丙烯酸酯，只能生产硬性人工晶体。但是此种晶体却是在当时的医疗水平下惟一可以用于糖尿病病人的人工晶体。但是现在多种材料的产生、医疗技术水平及方式的改变和提高，使糖尿病病人不再局限于PMMA人工晶体。

白内障

晶状体混浊称为白内障。由于某种原因引起晶状体囊膜损伤,使其渗透性增加,丧失屏障作用,或导致晶状体代谢紊乱,使晶状体蛋白发生变性,形成混浊。分先天性和后天性。

先天性白内障多在出生前后即已存在,小部分在出生后逐渐形成,多为遗传性疾病,有内生性与外生性两类,内生性者与胎儿发育障碍有关,外生性者是母体或胎儿的全身病变对晶状体造成损害所致。

后天性白内障是出生后因全身疾病或局部眼病、营养代谢异常、中毒、变性及外伤等原因所致的晶状体混浊。其中老年性白内障最常见,多见于40岁以上,且随年龄增长而增多,病因与老年人代谢缓慢发生退行性病变有关,也有人认为与日光长期照射、内分泌紊乱、代谢障碍等因素有关。

高吸水性树脂

一些年轻的父母常为婴幼儿换尿布发愁,尤其在夜间更得辛苦操劳了。现在有一种尿不湿尿布,尿湿后几分钟就干,真可说是名副其实的"尿不湿",为年轻的父母们带来福音。

吸水超强的高吸水性树脂

这是一种用吸水性特别强的高吸水性树脂制成的尿布,能像海绵吸水那样很快将尿吸干,尿布自然就容易干了。还有一种"尿不湿"纸尿布,即使吸入了相当于两瓶牛奶的1 000毫升水,仍能滴水不漏,而且通气性好,对皮肤无副作用。更令年轻妈妈们放心的是,这种纸尿布吸湿后,衬在婴儿臀部的尿布还会自动收缩成皱褶,将婴儿臀部轻轻托起,免去淹浸肌肤之忧,也避免了夜间换尿布的麻烦。

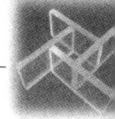

生物医用材料

对于失禁的老年病人和生理期的妇女，由这种高吸水性树脂和棉、纸组成的夹层材料，不仅吸收能力强，而且柔软舒适，不会使人有累赘之感。

高吸水性树脂是以淀粉和丙烯酸盐为原料制成的一种吸水性很强的聚合物，竟能吸收相当于自身重量的500~1000倍的水分，而且保存水的能力也特别强，即使用力挤压，依然滴水不漏，真可称得上是位"吸水大王"。

这种树脂为什么能大量吸收和保存水分呢？原因就在于树脂中含有像藤条一样的高分子链。在吸水前，这些呈紧密固体状的高分子长链，相互缠绕卷曲，并在一部分链之间形成相互交错的网状结构；遇到水时，在网状结构中的离子由于所带电荷相同，便互相排斥，结果就将高分子链充分地扩展开了。也就是说，这时的网状结构好像一个拉开的大网兜，因而可以吸收和储存大量的水分。

高吸水性树脂容易制作，成本低，因而在医用和食品包装方面得到了广泛的应用。用吸水树脂可制成能吸收伤口渗出液的绷带和能吸收渗血而又便于呼吸的鼻腔用棉塞。此外，还可用它制成外用软膏和人造皮肤。这种人造皮肤和其他材料组合后，具有良好的渗透性和药物保持能力，同时还可防止细菌侵入。由于高吸水性树脂吸水后形成的水膜对人体器官具有润滑和缓冲作用，因而将各种导管和内窥镜涂上高吸水性树脂膜后会减轻病人的痛苦，以便顺利进行诊断和医疗。这种树脂还是制作高级隐形眼镜片的优质材料。常用的人工关节的活动接合面不像天然关节那样经常有渗出的体液润滑，长久使用就会使人工关节产生磨损和掉屑。

现在，日本研制出一种高吸水性树脂水凝胶，将它放在人工关节活动接合面代替软骨膜，就会避免出现上述现象，以保证人工关节的正常活动功能。这种树脂水凝胶的弹性、变形性、复原性和润滑性等功能都与人体组织相仿。

用高吸水性树脂制成的塑料膜是一种很好的保鲜包装材料，用于存放蔬菜、水果，可以长期保持水分和防止溃烂。日本一家电器公司研制成一种接触脱水纸，是由高吸水性树脂、高浓度蔗糖溶液层、半渗透分离膜和不渗水的基板层组成。这种脱水纸真是身手不凡，只要将它的分离膜面与生鱼肉接触，生鱼肉中的水分就会源源不断地向蔗糖中渗透，并被高吸水性树脂膜吸收，仅需一夜的时间，新鲜的生鱼片就变成了生鱼干。这种简便的脱水方法很适用于许多类似食品和蔬菜的加工与封装。

"吸水大王"最引人注目的是用来改造沙漠和防止土地沙漠化。现在，全球每分钟有 10 公顷土地被沙漠吞噬掉。改造沙漠的关键是防止水分的流失，而高吸水性树脂正好具有吸水和保持水分的特殊本领。我国研制成的 SA 吸水树脂，就是一种较理想的农林土壤保水剂，吸水能力高达 200～500 倍。

科学家们已研制成一种具有很强的吸水保湿功能的高吸水性树脂保湿剂，它是由淀粉和丙烯酸盐形成的高分子聚合物，能吸收相当于自重 500～1 000 倍的水分，其中 95% 可供植物吸收。曾进行过这样的实验：在温室内施用这种保湿剂后，小麦产量提高 15%，大豆产量提高 25%。这充分说明高吸水性树脂保湿剂有可能在未来改造沙漠中发挥重要作用。日本计划开发出一种含高吸水性树脂和有机、无机营养剂的复合保湿剂，供像埃及那样的沙漠缺水地区使用。高吸水性树脂的出现，无疑为人类改造和绿化沙漠增添了一种有效的手段。

组织工程用纤维

随着生命科学、材料科学以及相关物理、化学学科的发展，人们提出了一个新概念——组织工程。它是应用细胞生物学和工程学的原理，研究开发修复、替代损伤组织和器官，重建其功能的一门科学。其基本原理是将体外培养扩增的正常组织细胞吸附于一种生物相容性良好并可被机体吸收的生物载体上形成复合物，将细胞—载体复合物植入机体组织、器官病损部位，细胞在载体被机体降解吸收的过程中形成新的具有形态和功能的相应组织和器官，达到永久修复创伤和重建功能的目的。组织工程的核心是建立细胞和载体构成的三维空间复合体。这一三维空间结构为细胞提供了获取营养、气体交换、排泄废物和生长代谢的场所，也是形成新的具有形态和功能的组织、器官的物质基础。因此，组织工程研究的成败，支架是重要影响因素之一。组织工程支架材料除应具有良好的生物相容性、生物降解性、三维立体结构及相应的力学强度外，还应具有良好的表面活性，以有利于种子细胞的黏附，并为细胞在其表面生长繁殖、分泌基质提供良好的微环境。

随着组织工程学科的发展，对于组织工程支架材料的要求越来越高，而生物可降解材料是组织工程支架材料中研究较多的一类材料，它是一类生物相容性好，植入体内后能在体液、酶、细胞等的作用下发生降解，变成小分子物质被吸收或通过新陈代谢排出体外的材料。

理想的生物可降解材料应具有以下特点：

(1) 良好的生物相容性：除满足生物医用材料的一般要求（如无毒、不致畸、不致癌、不致突变等）之外，还要利于种子细胞黏附、增殖，降解产物对细胞无毒害作用，不引起炎症反应，利于细胞生长和分化；

(2) 良好的生物降解性：载体材料在完成支架作用后应能降解，降解时间应能根据组织生长特性进行人为调控，使降解速度能与细胞的增殖速度相匹配；

(3) 具有三维立体多孔结构：载体材料可加工成三维立体结构，孔隙率最好达90%以上，具有高的面积体积比，利于细胞黏附生长和新陈代谢、细胞外基质沉积，也有利于血管和神经长入；

(4) 可塑性和一定的力学性能：载体材料应具有良好的可塑性，可预先制作成一定形状；应具有一定的机械强度，为新生组织提供支撑，并保持一定时间，直至新生组织具有自身生物力学特性；

(5) 良好的细胞亲和性：材料应能提供良好的细胞界面，利于细胞黏附、增殖，更重要的是能激活细胞特异性基因表达，维持细胞正常表型表达；

(6) 可消毒性：研究的生物可降解材料的种类很多，如：胶原、纤维蛋白、甲壳质及其衍生物、天然珊瑚等天然材料，聚乳酸、聚羟基乙酸、聚原酸酯等合成材料，以及复合支架材料。

聚乳酸

聚乳酸又称聚丙交酯，是以微生物发酵产物乳酸为单体化学合成的。使用后可自动降解，不会污染环境。聚乳酸可以被加工成力学性能优异的纤维和薄膜，其强度大体与尼龙纤维和聚酯纤维相当。聚乳酸在生物体内可被水解成乳酸和乙酸，并经酶代谢为 CO_2 和 H_2O，故可作为医用材料。日本、美国已经利用聚乳酸塑料加工成手术缝合线、人造骨、人造皮肤。聚乳酸还被用于生产包装容器、农用地膜、纤维用运动服和被褥等。

抗菌纤维面料

混有抗菌剂或经抗菌表面处理的纤维，具有抗菌杀菌功能，可防感染和传染。混入型的制法是将含银、铜、锌离子的陶瓷粉等具有耐热性的无机抗菌剂，混入进行纺丝而得；后处理型是将天然纤维用有机抗菌剂浸渍处理制得。用于医院用纺织品如衣服、床单、罩布、窗帘、连裤袜、短袜和绷带等。

人们穿的衣服中含有纤维成分，不同的纤维特性决定了不同衣服的品质，所以我们能感觉到纯棉T恤衫和羊毛衫的不同。

抗菌纤维可广泛用于家纺用品、内衣、运动衫等等，特别是老年、孕产妇及婴幼儿服装。使用这种纤维制成的衣服，具有很好的抗菌性能，能够抵抗细菌在衣物上的附着，从而使人远离病菌的侵扰。

抗菌纤维对细菌的抵抗和杀灭作用不是一次性的暂时作用，而是几周到几年的长期功效。之所以具有这种长期的抗菌性，是因为它采用内置式设计，使得抗菌剂能够缓缓溶出，在纤维表面形成抑菌圈，即使表面抗菌剂被洗掉，还会有新的抗菌剂溢出形成新的抑菌圈。所以，用这种纤维制作的衣物有良好的耐洗性。目前，全世界有很多研究机构在开发新型抗菌纤维。

防紫外线纤维

紫外线是太阳光中波长最短的一种光波，简称UVC。一般情况下，UVC经过同温层时被臭氧层吸收，达不到地面，对人体无作用。

近年来随着大气臭氧层的破坏，到达地面的紫外线的强度日益增加，对人体危害越来越严重。同时据北京日用化学研究所的报道，用紫外光能量测定仪测定不同环境下紫外光到达地面能量的变化，发现即使是多云或阴天时，仍有较强能量的紫外光到达地面，春、秋天到达地面的紫外光能量不比夏天低多少。据推测，大气层中臭氧浓度每降低1%，辐射到地面的紫外线增加2%；导致皮肤癌患者增加3%。

服装的UV透过率与织物的厚薄、纱线粗细和颜色有关。厚密型及深色织

生物医用材料

物的 UV 透过率低,但在阳光充沛的夏季,人们的穿着往往是薄、疏面料的浅色衣服,因此防紫外线纤维材料受到人们的极大重视。

目前,防紫外线纤维及其织物的 UV 透过率尚未有统一的标准和要求。有人建议户外活动衣服的 UV 透过率在 10% 以下,对易被晒红的人则为 5% 以下,对紫外过敏的人则为 1% 以下。

防紫外线纤维造出的面料具有防紫外线效果,该面料对夏天野外作业时间长的人员,如军人、交通警察、地质人员、建筑工人等等穿上这种面料制成的衣物,就可以防紫外线穿透。用防紫外线纤维制作的汽车内装饰布可减轻褪色,延长因紫外线照射而引起老化的时间。

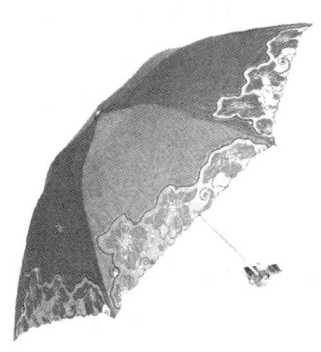

防紫外线伞

有关专家曾经预测过,到 2050 年,平流层臭氧量将减少 4% – 20%。届时,紫外线对人类健康的影响也将成倍增大。因此,防紫外线纺织品应运而生,防紫外线纤维也逐渐受到人们的高度重视,未来防紫外线纤维将是一种极具开发前景的防护功能。

远红外纤维

远红外纤维是具有远红外辐射功能的一类功能性纤维的统称。远红外纤维可在很宽的波长范围内吸收环境或人体发射出的电磁波并辐射出波长范围在 $2.5 \sim 30 \mu m$ 的远红外线,这是由于纤维中添加的具有远红外辐射功能的添加剂在吸收了外界的电磁辐射能量后其分子的能态从低能级向高能级跃迁,尔后又从不稳态的高能级回复到较低的稳态能级而辐射出远红外线。由于远红外纤维所辐射出的电磁波中 $4 \sim 14 \mu m$ 波长范围内的远红外线与人体细胞中水分子的振动频率相同,当人体表面受到这种远红外线的辐射时,会引起人体表面细胞的分子的共振,产生热效应,并激活人体表面细胞,促进人体皮下组织血液的微循环,达到保暖、保健、促进新陈代谢、提高人体免疫力的功效。

远红外纤维的开发始于 20 世纪 80 年代。受太阳能发电的启发,人们开发了具有吸热、蓄热特性的碳化锆保温纤维。日本在远红外纤维的研究开发中倾注了大量的热情并取得了很大的成功。旭化成、东丽、ESN、钟纺、可乐丽、东洋纺和尤尼吉卡等日本著名的化纤生产企业都已经实现了远红外纤维的多品种规模化生产。我国远红外纤维的开发研究始于20世纪90年代，早期的开发从织物的远红外功能整理开始，尔后转到纤维的开发。现在我国的远红外纤维研究开发已取得相当大的进展，并在部分纤维品种上实现了规模化的生产。从总体上看，我国远红外纤维的发展是在所有功能性纤维的开发中开发最早、产业化和商品化程度最高的，但与日本等国的发展水平相比仍有一定的差距。

曾有人将远红外纤维按其制备工艺分为共混纺丝法和涂层后处理法两大类，但从严格意义上讲，涂层后处理法更适用于织物成品的后整理工艺，而且用此法制得的远红外纤维耐洗性差，效果不持久，人们习惯上并不将其归入作为功能性纤维的远红外纤维范畴。

现在所有已实现产业化的远红外纤维都是由共混纺丝方法制得的，包括远红外涤纶、远红外丙纶、远红外锦纶、远红外黏胶和远红外腈纶等。这些远红外纤维除了具有远红外线辐射功能之外，其他的纤维物理性能与常规的纤维相比并无显著的差异，因此在应用性能上并无特殊的限制。远红外涤纶和远红外丙纶由于不适合于内衣或贴身服饰产品而主要用于各种具有保暖功能的冬季防寒服、絮棉、运动服、工作服、风衣、窗帘、地毯、床垫、睡袋以及保健枕头、保健被褥、女性保健文胸和其他各种具有改善人体皮下组织微循环的保健产品。远红外锦纶多用于滑雪衫面料、运动衫、紧身衣、防风运动服等产品。远红外黏胶由于具有吸湿透气、手感丰满、穿着舒适和悬垂性好等特点而主要用于内衣、贴身服饰和冬季薄型保暖内衣等产品和部分贴身使用的保健产品。远红外腈纶具有优异的耐蛀性和染色性，良好的蓬松感和舒适感，有类似于羊毛的手感，而且穿着的舒适性和透气性也大大优于其他的合成纤维，因此在袜子、手套、垫子、毛衣、围巾、帽子、被子和毛毯等传统的应用领域有着强大的发展优势。其实，从本质上看，所谓的远红外纤维就是在常规纤维的一般应用性能的基础上增加了保暖和改善皮下组织微循环的功能，所有的产品开发的目标都是围绕保暖和保健功能而展开的，从而提高产品的附加值。

远红外纤维的保暖和促进微循环的功能原理其实是有区别的。远红外纤维的保暖功能来自于它在吸收外界电磁波辐射的能量后能放射出远红外线以及反射人体散发出的远红外线的功能，因此，用远红外纤维制成服装后可以阻止人体热量向外部的散发，起到高效保温作用。而远红外纤维的促进微循环的作用，则是基于其吸收以可见光为主的外界电磁辐射后，发出的远红

远红外发梳

外线及反射人体发出的远红外线作用于人体表面细胞，因振动频率相吻合而增强分子的热运动、促进皮下组织的微循环和新陈代谢。很显然，要达到这些目标，有几个必需的条件：一是要吸收外界的能量，二是要能与皮肤直接接触。由于远红外线穿透普通纺织品的能力有限，要起到促进微循环的作用远红外纤维必须用于内衣才合适，但这样一来，其吸收外界能量的途径就受到了限制，而更多的是反射人体本身散发出的远红外线，能量十分有限。

不可否认，远红外纤维的保暖和促进微循环的功能是确凿的，远红外纤维制品的持续热销反映了消费者和市场对保暖服装、轻薄化的冬季服装以及能促进和改善微循环的保健产品的消费需求的持续增长。从世界消费潮流的发展变化分析，远红外纤维产品的发展前景相当可观，并将在两个方面受到更多的关注：一是在充分认识远红外纤维作用原理的基础上，根据产品功能的准确定位，使产品设计更趋合理，以充分发挥纤维的特殊功能；二是远红外纤维的应用领域将进一步扩大，各种新产品将层出不穷。

远红外线

太阳光线中的可见光经三棱镜后会折射出各色光线（光谱）。红光外侧的光线，在光谱中波长自 0.76 至 400 微米的一段被称为红外光，又称红外线。红外线的波长范围很宽，人们将不同波长范围的红外线分为近红外、中红外

和远红外区域，相对应波长的电磁波称为近红外线、中红外线和远红外线。

　　远红外线被人体吸收后，可使体内水分子产生共振，使水分子活化，增强其分子间的结合力，从而活化蛋白质等生物大分子，使生物体细胞处于最高振动能级。由于生物细胞产生共振效应，可将远红外热能传递到人体皮下较深的部分，以下深层温度上升，产生的温热由内向外散发。这种作用强度，使毛细血管扩张，促进血液循环，强化各组织之间的新陈代谢，增加组织的再生能力，提高机体的免疫能力，调节精神的异常兴奋状态，从而起到医疗保健的作用。

芳香纤维

　　众所周知，香味能够影响人的情绪甚至对人产生生理方面的影响。在芳香的环境下生活和工作，可使人消除疲劳、愉悦身心、提高工作效率。研究表明，丁香和茉莉花的香味可使人产生一种轻松安静的心情，紫罗兰和玫瑰的香味会使人兴奋，而柠檬的香味则会使人清醒、驱除困乏。科学家通过对部分受试者的脑电波测试发现：某些香味可产生镇静型脑电波，而某些则产生激励型脑电波。基于香味的特殊功效，芳香型产品的开发受到了广泛的关注。一般而言，芳香型产品的功效无非包括三个方面：一是以芳香的气味掩盖某些令人不快的气味；二是利用某些具有杀菌功能的特殊香料达到净化空气、预防疾病传播的功效；三是营造一种温馨芳香的环境气氛，调节人们的心情。

　　芳香纤维的开发研究始于20世纪80年代各种功能性纤维开发的热潮之中。1985年，日本三菱人造丝推出库比利-65芳香纤维，该纤维具有柏木的清香，可用作被褥、枕头、床垫等填充材料，也可制成芳香型非织造布用于各种装饰材料、家具布或家用纺织品。日本可乐丽公司1987年推出的拉普莱托芳香纤维有茉莉香型、熏衣草香型、可可香型和柑橘香型等。日本帝人公司开发的泰托纶GS香型纤维号称森林浴纤维。它能使环境充满一种林深树密的自然气息，置身其中犹如在森林中散步一样令人心旷神怡、精力充沛。据称，该产品的森林浴效果可持续三年以上。而日本钟纺公司开发的花之精系列芳香型纺织品自1987年投放市场以来一直受到消费者的广泛欢迎。国内的

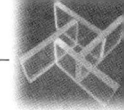

芳香纤维开发同样始于 20 世纪 80 年代，但在生产工艺、纤维品种、香型选择等方面与日本相比仍存在较大的距离，特别是在产品的产业化开发方面更是存在很大的差距。

芳香纤维的应用主要集中在床上用品、室内装饰织物和内衣、服装等领域。将芳香纤维应用于服用领域可以满足人们亲近自然、追求时尚、增加亲近感的心理需求；而将芳香纤维用于床上用品或室内装饰织物将有助于营造一种自然、清新、安详、温馨、亲切、舒适的生活环境，使人仿佛置身于绿树成荫、繁花似锦的自然环境中，享受着大自然的抚慰，达到调节情绪、舒缓压力、养心安神、恢复体力、振奋精神的目的，除此之外，还有抑菌防霉、净化空气的功效。

芳香纤维上衣

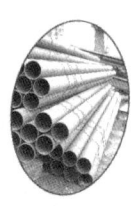

高性能结构材料

高性能结构材料主要是具有特殊的物理化学结构、性能和用途,或具有特殊功能的化学纤维材料。是支撑航空航天、交通运输、电子信息、能源动力以及国家重大基础工程建设等领域的重要物质基础,是目前国际上竞争最激烈的高技术新材料领域之一。

高性能结构材料的研究和生产开始于20世纪50年代,首先投入工业化生产的是含氟纤维。随着航天和国防工业的发展,60年代出现了各种芳杂环类的有机耐高温纤维,以及碳纤维、硼纤维等无机高强度高模量纤维;后来又研制出有机抗燃纤维如酚醛纤维等。到70年代由于环境保护和节约能源的需要,高强度高模量纤维和各种功能纤维得到较为广泛的应用。

高性能结构材料按性能可分为耐腐蚀性材料、耐高温材料、抗燃材料、高强度高模量材料、功能材料和弹性体材料等。耐腐蚀材料:即含氟纤维,如聚四氟乙烯纤维(氟纶)。耐高温材料:如芳纶、聚苯并咪唑纤维(PBI)等。阻燃材料:如酚醛纤维。高强度、高模量材料:如碳纤维、石墨纤维、碳化硅纤维等。功能材料:如光导纤维、导电纤维、陶瓷材料等。弹性体材料:如氨纶。

耐火材料

耐火材料是指耐火度高于1 580 ℃的无机非金属材料。耐火度指耐火材料锥形体试样在没有荷重情况下，抵抗高温作用而不软化熔倒的温度。耐火材料与高温技术相伴出现，大致起源于青铜器时代中期。中国东汉时期已用黏土质耐火材料制作烧瓷器的窑材和匣钵。20世纪初，耐火材料向高纯、高致密和超高温制品方向发展，同时出现了完全不需烧成、能耗小的不定形耐火材料和耐火纤维。现代，随着原子能技术、空间技术、新能源技术的发展，具有耐高温、抗腐蚀、抗热振、耐冲刷等综合优良性能的耐火材料得到了应用。

耐火材料种类繁多，通常按耐火度高低分为普通耐火材料（1 580 ℃~1 770 ℃）、高级耐火材料（1 770 ℃~2 000 ℃）和特级耐火材料（2 000 ℃以上）；按化学特性分为酸性耐火材料、中性耐火材料和碱性耐火材料。此外，还有用于特殊场合的耐火材料。

酸性耐火材料以氧化硅为主要成分，常用的有硅砖和黏土砖。硅砖是含氧化硅93%以

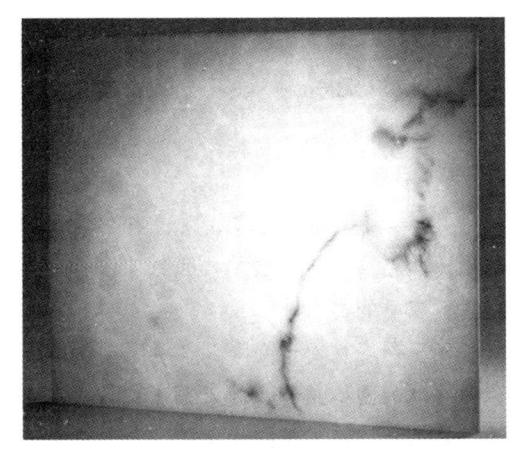

抗高温的耐火材料

上的硅质制品，使用的原料有硅石、废硅砖等，其抗酸性炉渣侵蚀能力强，荷重软化温度高，重复煅烧后体积不收缩，甚至略有膨胀；但其易受碱性渣的侵蚀，抗热振性差。硅砖主要用于焦炉、玻璃熔窑、酸性炼钢炉等热工设备。黏土砖以耐火黏土为主要原料，含有30%~46%的氧化铝，属弱酸性耐火材料，抗热振性好，对酸性炉渣有抗蚀性，应用广泛。

中性耐火材料以氧化铝、氧化铬或碳为主要成分。含氧化铝95%以上的刚玉制品是一种用途较广的优质耐火材料。以氧化铬为主要成分的铬砖对钢

渣的耐蚀性好，但抗热振性较差，高温荷重变形温度较低。碳质耐火材料有碳砖、石墨制品和碳化硅质制品，其热膨胀系数很低，导热性高，耐热振性能好，高温强度高，抗酸碱和盐的侵蚀，不受金属和熔渣的润湿，质轻。广泛用作高温炉衬材料，也用作石油、化工的高压釜内衬。

碱性耐火材料以氧化镁、氧化钙为主要成分，常用的是镁砖。含氧化镁80%~85%的镁砖，对碱性渣和铁渣有很好的抵抗性，耐火度比黏土砖和硅砖高。主要用于平炉、吹氧转炉、电炉、有色金属冶炼设备以及一些高温设备上。

在特殊场合应用的耐火材料有高温氧化物材料，如氧化铝、氧化镧、氧化铍、氧化钙、氧化锆等；难熔化合物材料，如碳化物、氮化物、硼化物、硅化物和硫化物等；高温复合材料，主要有金属陶瓷、高温无机涂层和纤维增强陶瓷等。

刚　玉

刚玉，名称源于印度，是一种由氧化铝的结晶形成的宝石。掺有金属铬的刚玉颜色鲜红，一般称之为红宝石；而蓝色或没有色的刚玉，普遍都会被归入蓝宝石的类别。

刚玉硬度仅次于金刚石。在摩氏硬度表中位列第9级。比重为4.00，有六角柱体的晶格结构。因着刚玉的硬度，和相对比钻石更低廉的价钱，它成为了砂纸及研磨工具的好材料。

刚玉有玻璃光泽，在高温富铝贫硅C的条件下形成，主要与岩浆作用、接触变质及区域变质作用有关。刚玉是铝矾土为主要原料经矿业炉炼出的人造材料，可做磨料和耐火材料。纯度较高的为白色叫白刚玉，含有少量杂质的为棕色叫棕刚玉。

刚玉可用于手表和精密机械等的轴承材料，色彩绚丽的晶体作为宝石，作为激光发射材料的红宝石系人造晶体。

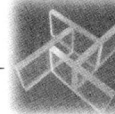

高性能结构材料

超硬材料

超硬材料是金刚石和立方氮化硼两种材料的统称。目前,在世界上已知的材料中,金刚石和立方氮化硼是最硬的两种材料。由于它们的硬度大大超出其他材料的数倍,因而人们将这两种材料称为超硬材料。

金刚石,也称钻石,有天然金刚石和人造金刚石两种。金刚石是目前世界上已知的最硬工业材料,它不仅具有硬度高、耐磨、热稳定性能好等特性,而且以其优秀的抗压强度、散热速率、传声速率、电流阻抗、防蚀能力、透光、低热胀率等物理性能,成为工业应用领域不可替代的新材料,现代工业和科学技术的瑰宝。

人造金刚石是加工业最硬的磨料、电子工业最有效的散热材料、半导体最好的晶片、通讯元器件最高频的滤波器、音响最传真的振动膜、机件最稳定的抗蚀层等等,已经被广泛应用

纯天然的金刚石

于冶金、石油钻探、建筑工程、机械加工、仪器仪表、电子工业、航空航天以及现代尖端科学领域。

立方氮化硼,目前在自然界还没有找到这种物质的存在,是人工合成的一种超硬材料。

立方氮化硼(CBN)是硬度仅次于金刚石的超硬材料。它不但具有金刚石的许多优良特性,而且有更高的热稳定性和对铁族金属及其合金的化学惰性。它作为工程材料,已经广泛应用于黑色金属及其合金材料加工工业。同时,它又以其优异的热学、电学、光学和声学等性能,在一系列高科技领域得到应用,成为一种具有发展前景的功能材料。

立方氮化硼微粉,用在精密磨削、研磨、抛光和超精加工,以达到高精

度的加工表面。适用于树脂、金属、陶瓷等结合剂体系,亦可用于生产聚晶复合片烧结体,还可用作松散磨粒、研磨膏。

黑色立方氮化硼由于具有优异的化学物理性能,如具有仅次于金刚石的高硬度、高热稳定性和化学惰性,作为超硬磨料在不同行业的加工领域获得广泛的应用,现在更是成为汽车、航天航空、机械电子、微电子等工业不可或缺的重要材料,因而也得到各工业发达国家的极大重视。

人造金刚石聚晶复合片是在高温高压情况下由许多细晶粒金刚石和硬质合金衬底联合少结而成的块状聚结体。它和立方氮化硼聚晶刀一样具有高强度、高硬度、高耐磨性、特别是具有高的抗冲击韧性。作为加工工具,人造金刚石聚晶复合片主要用于石油、冶金、地质钻头、扩孔器等,其钻进速度及时效均为天然金刚石的许多倍,同时钻进过程中还可以有效保持孔径。人造金刚石复合片还可以用来切削非铁金属及其合金、硬质合金以及非金属材料。切削速度为硬质合金刀具的上百倍,耐用度为硬质合金的上千倍。

电热涂料

在日本鲁斯托油脂化学公司的高级宾馆内,一场妙趣横生的烹调操作表演吸引了众多宾客。公司的技术人员信手取来一只普通的陶瓷菜盘,并随即在菜盘上涂刷一层薄薄的灰色涂料,而后在菜盘的两侧各安上一根电极。这样,普通的菜盘眨眼间便成了一只简易的陶瓷"煎锅"。当操作人员在两极上接通24伏的电源后,"煎锅"的温度瞬间就升到100 ℃。此时,操作者迅即在"锅"底抹上少许动物油,并敲入一只生鸡蛋。只用30秒钟,一个油漉漉、黄澄澄的荷包蛋就呈现在人们的面前。宾客们品尝后,赞叹之余对菜盘

电致发热新材料——"电热涂料"

高性能结构材料

上涂刷的奇妙涂料发生了极大的兴趣。

原来,这种奇妙的灰色涂料,就是该公司历经10年艰辛刚刚研究开发成功的一种电致发热新材料。科研人员称其为"电热涂料"。它主要由一定的有机物质和无机物质混合而成。

实践证明,"电热涂料"用作发热体具有耗电少、热效率高、使用简便等独特的优点。采用"电热涂料"涂装的取暖板材或壁材,与一般用镍铬电热丝作发热体的电阻或取暖器相比,要达到同一温度效果,前者的耗电量只有后者的1/3。尤其是当涂层通电升温后,它会产生远红外辐射,其表面辐射出的热量可达90%。如果使用特殊组分的"电热涂料",它的热量辐射可完全处在远红外区,其热效率将会更高。比如,在同一个空间要使温度上升10℃,用一般的取暖设备,每平方米需耗电180瓦;而采用涂覆"电热涂料"的取暖系统,每平方米仅耗电76瓦。同样,在某些设备的化霜装置中,使用现在的化霜装置,需消耗250千瓦的电能,才能达到目的;如果采用"电热涂料",只需消耗76千瓦的电能即可获得相同的效果。

日本鲁斯托公司的专家们还对"电热涂料"在机翼除冰与除霜、汽车发动机启动、铁轨防冻、公路和屋顶融雪等200余项中的潜在用途作了鉴定。目前,他们正试图将"电热涂料"应用于便桶垫圈、人工假肢、地毯等方面。

"电热涂料"有着十分广阔的应用前景。将来,人们不必安装取暖管道,也无须添置电炉、红外取暖器之类的装置,只需在室内墙壁上涂抹一层薄薄的"电热涂料",然后接通电源,便可在温暖如春的室内生活了。

高强 PE 纤维

PE 纤维,学名超高分子量聚乙烯纤维。研发新一代超高强聚乙烯纤维项目是国家发改委高技术产业化示范工程项目,2010年1月,高强 PE 纤维及其连续无纬布的制备技术、产业化应用开发荣获国务院颁发的"2009年度国家科学技术进步二等奖"。

一直以来,中国是化纤大国,但不是化纤强国,据专家介绍和有关部门统计,中国的高性能特种纤维的产量仅为世界产量的百分之一。

当今世界三大高性能纤维是:芳纶、碳纤维、超高分子量聚乙烯纤维,目前中国由于技术问题芳纶仅有小量生产；碳纤维尚处在试验和初级生产阶段，产品只能应用在耐磨填料等领域；超高分子量聚乙烯纤维在1999年突破关键性生产技术，现在已经形成规模化生产条件。据报道，美国超高分子量聚乙烯纤维70%用于防弹衣、防弹头盔、军用设施和设备的防弹装甲、航空航天等军事领域，而高性能纤维的发展是一个国家综合实力的体现，是建设现代化强国的重要物资基础，为此，从国家利益出发大力支持与加速发展我国的超高分子量聚乙烯纤维的生产与应用尤显迫切。

PE纤维的特殊性能：

（1）高比强度，高比模量。比强度是同等截面钢丝的十多倍，比模量仅次于特级碳纤维。

（2）纤维密度低，密度是0.97g/cm^3，可浮于水面。

（3）断裂伸长低、断裂功大，具有很强的吸收能量的能力，因而具有突出的抗冲击性和抗切割性。

（4）抗紫外线辐射，防中子和γ射线，比能量吸收高、介电常数低、电磁波透射率高。

（5）耐化学腐蚀、耐磨性、有较长的挠曲寿命。

由于超高分子量聚乙烯纤维具有众多的优异特性，它在高性能纤维市场上，包括从海上油田的系泊绳到高性能轻质复合材料方面均显示出极大的优势，在现代化战争和航空、航天、海域防御装备等领域发挥着举足轻重的作用。可用于制造防弹背心和头盔、轻质装甲、船帆、缆绳、光缆补强体降落伞和滤材等。

一、国防军需装备方面

由于该纤维的耐冲击性能好，在军事上可以制成防护衣料、头盔、防弹材料，如直升飞机、坦克和舰船的装甲防护板、雷达的防护外壳罩、导弹罩、防弹衣、防刺衣、盾牌等，其中以防弹衣的应用最为引人注目。它具有轻柔的优点，防弹效果优于芳纶，现已成为占领美国防弹背心市场的主要纤维。另外超高分子量聚乙烯纤维复合材料的比弹击载荷值是钢的10倍，是玻璃纤维和芳纶的2倍多。国外用该纤维增强的树脂复合材料制成的防弹、防暴头盔已成为钢盔和芳纶增强的复合材料头盔的替代品。

二、航空航天方面的应用

在航天工程中,由于该纤维复合材料轻质高强和抗冲击性能好,适用于各种飞机的翼尖结构、飞船结构和浮标飞机等。该纤维也可以用作航天飞机着陆的减速降落伞和飞机上悬吊重物的绳索,取代了传统的钢缆绳和合成纤维绳索,其发展速度异常迅速。

三、民用方面

绳索、缆绳方面的应用:用该纤维制成的绳索、缆绳、船帆和渔具适用于海洋工程,是该纤维的最初用途。普遍用于负力绳索、重载绳索、救捞绳、拖拽绳、帆船索和钓鱼线等。该纤维制成的绳索,在自重下的断裂长度是钢绳的8倍,是芳纶的2倍。该绳索用于超级油轮、海洋操作平台、灯塔等的固定锚绳,解决了以往使用钢缆遇到的锈蚀和尼龙、聚酯缆绳遇到的腐蚀、水解、紫外降解等引起缆绳强度降低和断裂,需经常进行更换的问题。

体育器材用品:在体育用品上已经制成安全帽、滑雪板、帆轮板、钓竿、球拍及自行车、滑翔板、超轻量飞机零部件等,其性能较传统材料为好。

用作生物材料:该纤维增强复合材料用于牙托材料、医用移植物和整形缝合等方面,它的生物相容性和耐久性都较好,并具有高的稳定性,不会引起过敏,已作临床应用。还用于医用手套和其他医疗措施等方面。

工业上,该纤维及其复合材料可用作耐压容器、传送带、过滤材料、汽车缓冲板等;建筑方面可以用作墙体、隔板结构等,用它作为增强水泥复合材料可以改善水泥的韧度,提高其抗冲击性能。

超高分子量聚乙烯纤维目前属世界范围内的稀缺物资,世界年需求量约5万吨,其中美国占70%。但目前全世界产量不足9000吨,缺口很大。

超高分子量聚乙烯纤维的高端市场是绳网制造业,其次是用于防弹片(UD)。我国超高分子量聚乙烯纤维年产量不足2000吨,主要用于制造防刺服、防弹衣、防弹头盔、绳缆、远洋渔网、劳动防护等,部分纤维出口欧美及亚洲等一些国家和地区。国内国防领域已逐步使用,民用领域应用也在推广使用,每年的市场需求量约在10000吨左右。

芳纶纤维

自从石棉被公认为是一种强致癌物质以来，世界许多发达国家已开始禁用石棉及其制品。美国、日本等国先后研制成功各种系列的非石棉垫片材料，产品现已推向全世界市场。随着与国际大环境的不断接轨。非石棉密封材料正为国内各工业部门认可和接收。出于环保和安全生产的考虑，非石棉垫片的工业应用将会越来越广。通常将以非石棉纤维为增强材料、以橡胶为弹性基体的密封垫片称为非石棉纤维橡胶垫片，或称为无石棉垫片、代石棉垫片。其主要增强材料为代石棉纤维、无机纤维、碳/石墨纤维等。

随着欧美地区开展禁止使用石棉的环境保护运动，芳纶浆粕纤维得到了迅速的发展，它在橡胶制品领域中也得到了广泛的应用，如在胶管、动力传送带、运输带、胶鞋鞋底等方面。与此同时，芳纶浆粕纤维在橡胶制品中的分散技术也得到发展。

芳纶浆粕是对芳纶纤维进行表面原纤化处理之后便得到的，其独特的表面结构极大地提高了混合物的抓附力，因此非常适合作为一种增强纤维应用于摩擦及密封产品中。

高精度芳纶纤维切断机

芳纶纤维是重要的国防军工材料，为了适应现代战争的需要，目前，美、英等发达国家的防弹衣均为芳纶材质，芳纶防弹衣、头盔的轻量化，有效提高了军队的快速反应能力和杀伤力。在海湾战争中，美、法飞机大量使用了芳纶复合材料。除了军事上的应用外，现已作为一种高技术含量的纤维材料被广泛应用于航天航空、机电、建筑、汽车、体育用品等国民经济的各个方面。在航空、航天方面，芳纶由于质量轻而强度高，节省了大量的动力燃料，据国外资料显示，在宇宙飞船的发射

高性能结构材料

过程中,每减轻1千克的重量,意味着降低100万美元的成本。除此之外,科技的迅猛发展正在为芳纶开辟着更多新的民用空间。据报道,目前,芳纶产品用于防弹衣、头盔等约占7%~8%,航空航天材料、体育用材料大约占40%;轮胎骨架材料、传送带材料等方面大约占20%左右,还有高强绳索等方面大约占13%。

美国的杜邦是芳纶开发的先驱,他们无论在新产品的研发、生产规模上,还是在市场占有率上都是世界一流水平。

与海外芳纶纤维产业的红红火火相比,芳纶的国产化才刚刚起步。由于芳纶纤维在我国的发展起步较晚,国外公司对核心技术的封锁垄断等原因,目前我国芳纶纤维的技术水平、产品档次及生产能力都与国外发达国家存在着一定的差距。

据悉,近几年,我国电子、建筑、轮胎工业迅速发展,使得我国芳纶用量迅猛增长。造成我国芳纶国产化如此艰难的原因主要有两点:一是生产的技术瓶颈难以突破;二是大部分原料需要进口,特别是国产的溶剂不能过关。但正是因为它在国内是新生事物,市场还远远没有饱和,才值得我们去关注、去开发。

石　棉

石棉又称"石绵",是指具有高抗张强度、高挠性、耐化学和热侵蚀、电绝缘和具有可纺性的硅酸盐类矿物产品。它是天然的纤维状的硅酸盐类类矿物质的总称。石棉由纤维束组成,而纤维束又由很长很细的能相互分离的纤维组成。

石棉很早就用于织布,中国周代已能用石棉纤维制作织物,因沾污后经火烧即洁白如新,故有火浣布或火烷布之称。目前石棉制品或含有石棉的制品有近3000种,主要用于机械传动、制动以及保温、防火、隔热、防腐、隔音、绝缘等方面,其中较为重要的是汽车、化工、电器设备、建筑业等制造部门。由于石棉纤维能引起石棉肺、胸膜间皮瘤等疾病,许多国家选择了全面禁止使用这种危险性物质,其他一些国家正在审视石棉的危险。

氟纶

"世博轴"是上海世博会的主入口,是连接中国馆、世博中心、文化中心四大场馆及周边轨道交通的主要人行交通枢纽。分为地上两层,地下两层,当你信步在这个巨大通道里,面前是豁然洒下的阳光,抬眼是朗朗天际。

世界上首次采用的阳光谷结构是世博轴工程的独具特色。在这条长约1000米,宽100米的大道上,错落有致地分布着6个极为吸引眼球的倒锥形钢结构,她就是叫阳光谷;阳光谷穿插于世博轴之中。自然光透过阳光谷玻璃倾泻入地,可满足部分地下空间的采光、通风,提升地下空间的舒适感。6个阳光谷造型各异,尺寸也不尽相同。其上部开口面积相当于一个足球场,整体高40米,像一朵玻璃喇叭花从地下悄然绽放,晶莹剔透。

这6个阳光谷之间的索膜结构是迄今为止世界上规模最大的连续张拉索膜结构,总面积达77224平方米,最大跨度97米,由31个外侧桅杆、19个下拉点以及18个与阳光谷的拉结点通过13种不同功能索膜张拉而成,膜片数量69片,其中最大的膜单片面积达1780平方米。索膜选用了一种名为PTFE(聚四氟乙烯)的涂层玻璃纤维,膜材料厚度仅为1毫米,但强度高,设计张力达到$5t/m^2$;具有不易燃性、防紫外线、抗风化、高反射性等特点,由于索膜表层含有一层功能性涂料,具有自清洁功能;淡黄色的索膜在阳光照射下,由于颜色会发生氧化,索膜会变得越来越白。

PTFE(聚四氟乙烯)纤维,中国俗称氟纶,通常又被称之为铁氟龙、铁氟龙、特氟龙、特氟隆等等,是由聚四氟乙烯为原料,经纺丝或制成薄膜后切割或原纤化而制得的一种合成纤维,被美誉为"塑料之王"。

经过特氟龙涂装后,具有以下特性:

不黏性:几乎所有物质都不与特氟龙涂膜黏合。很薄的膜也显示出很好的不黏附性能。

耐热性:特氟龙涂膜具有优良的耐热和耐低温特性。短时间可耐高温到300 ℃,一般在240 ℃～260 ℃之间可连续使用,具有显著的热稳定性,它可以在冷冻温度下工作而不脆化,在高温下不融化。

滑动性:特氟龙涂膜有较低的摩擦系数。负载滑动时摩擦系数产生变化,

高性能结构材料

但数值仅在 0.05 – 0.15 之间。

抗湿性：特氟龙涂膜表面不沾水和油质，生产操作时也不易沾溶液，如粘有少量污垢，简单擦拭即可清除。停机时间短，节省工时并能提高工作效率。

耐磨损性：在高负载下，具有优良的耐磨性能。在一定的负载下，具备耐磨损和不黏附的双重优点。

耐腐蚀性：特氟龙几乎不受药品侵蚀，可以保护零件免于遭受任何种类的化学腐蚀。

聚四氟乙烯相对分子质量较大，低的为数十万，高的达一千万以上，一般为数百万（聚合度在 104 数量级，而聚乙烯仅在 103）。一般结晶度为 90% ~ 95%，熔融温度为 327 ℃ ~ 342 ℃。它在 250 ℃ 的温度下不熔化，在 -260 ℃ 的超低温中不发脆。聚四氟乙烯光滑异常，连冰都比不过它；它绝缘性能特别好，报纸厚的一层薄膜，便足以抵挡 1500V 的高压电。

聚四氟乙烯可采用压缩或挤出加工成型；也可制成水分散液，用于涂层、浸渍或制成纤维。聚四氟乙烯在原子能、航天、电子、电气、化工、机械、仪器、仪表、建筑、纺织、食品等工业中广泛用作耐高低温、耐腐蚀材料，绝缘材料，防粘涂层等。

聚四氟乙烯纤维主要用作高温粉尘滤袋、耐强腐蚀性的过滤气体或液体的滤材、泵和阀的填料、密封带、自润滑轴承、制碱用全氟离子交换膜的增强材料以及火箭发射台的苫布等。

聚四氟乙烯纤维早在 1953 年由美国杜邦公司开发，1957 年实现工业化生产，80 年代初开始生产可溶性聚四氟乙烯纤维，主要是单丝，日本、苏联、奥地利等国也有生产 1984 年聚四氟乙烯纤维世界总生产能力为 1.2 千吨。

高级工程塑料 PBI

PBI 是当今最高级别的工程塑料，于 20 世纪 60 年代初由美国空军材料实验室研制成功。1983 年由美国塞拉尼斯公司正式投产，年生产能力为 460 吨，因生产成本高，发展缓慢。

因其优越的性能,在其他塑料无法实现的领域,PBI 都可能找到最佳解决方案。它在空气中最大允许使用温度极高,可以 310 ℃下持续工作,短时间最高使用温度可达 500 ℃。它具有出色的机械强度和刚度保持力,出色的耐磨和摩擦性能,极低的线性热膨胀系数,固有的低可燃性,离子污染环境下的高纯度,低排气性。

它通常用来制造要求极严的元器件以降低维护维修费用,并且使用寿命最长。已建立的应用领域有半导体和航空工业,白炽灯或荧光灯高温接触件,如真空杯、推指和保持架,电气接触器等。

光导纤维

现代科学创造的奇迹之一,是使光像电流一样沿着导线传输。不过,这种导线不是一般的金属导线,而是一种特殊的玻璃丝,人们称它为光导纤维,又叫光学纤维,简称光纤。

光通讯是人类最早应用的通讯方式之一。从烽火传递信号,到信号灯、旗语等通讯方式,都是光通讯的范畴。但由于受到视距、大气衰减、地形阻挡等诸多因素的限制,光通讯的发展缓慢。

1870 年,英国物理学家丁达尔到皇家学会的演讲厅讲解光的全反射原理,做了一个有趣的实验:让一股水流从玻璃容器的侧壁细口自由流出,以一束细光束沿水平方向从开口处的正对面射入水中。结果使观众们大吃一惊。人们看到,放光的水从水桶的小孔里流了出来,水流弯曲,光线也跟着弯曲,光居然被弯弯曲曲的水俘获了。这是光的全反射造成的结果。

光导纤维正是根据这一原理制造的。它的基本原料是廉价的石英玻璃,科学家将它们拉成直径只有几微米到几十微米的丝,然后再包上一层折射率比它小的材料。只要入射角满足一定的条件,光束就可以在这样制成的光导纤维中弯弯曲曲地从一端传到另一端,而不会在中途漏射。

科学家将光导纤维的这一特性首先用于光通信。一根光导纤维只能传送一个很小的光点,如果把数以万计的光导纤维整齐地排成一束,并使每根光导纤维在两端的位置上一一对应,就可做成光缆。用光缆代替电缆通信具有无比的优越性。比如 20 根光纤组成的像铅笔精细的光缆,每天可通话 7.6 万

高性能结构材料

人次,而 1800 根铜线组成的像碗口粗细的电缆,每天只能通话几千人次。光导纤维不仅重量轻、成本低、铺设方便,而且容量大、抗干扰、稳定可靠、保密性强。因此光缆正在取代铜线电缆,广泛地应用于通信、电视、广播、交通、军事、医疗等许多领域,难怪人们称誉光导纤维为信息时代的神经。我国自行研制、生产、建设的世界最长的京汉广(北京、武汉、广州)通信光缆,全长 3047 千米,已于 1993 年 10 月 15 日开通,标志我国已进入全面应用光通信的时代。

光纤传导光的能力非常强,能利用光缆通讯,能同时传播大量信息。例如一条光缆通路同时可容纳十亿人通话,也可同时传送多套电视节目。光纤的抗干扰性能好,不发生电辐射,通讯质量高,能防窃听。光缆的质量小而细,不怕腐蚀,铺设也很方便,因此是非常好的通讯材料。目前许多国家已使用光缆作为长途通讯干线。我国也开始生产光导纤维,并在部分地区和城市投入使用。随着时代的进步和科学的发展,光纤通讯必将大为普及。

光纤除了可以用于通讯外,还可以用于医疗、信息处理、传能传像、遥测遥控、照明等许多方面。例如,可将光导纤维内窥镜导入心脏,测量心脏中的血压、温度等。在能量和信息传输方面,光导纤维也得到了广泛的应用。

弹力惊人的氨纶

氨纶,是一种人工合成的弹性纤维,全名是聚氨基甲酸酯纤维。氨纶于 1959 年开始工业化生产,它主要编织有弹性的织物,通常将氨纶丝与其他纤维纺成包芯纱后,供织造使用。氨纶制成的服装,穿着舒适,能适应身体各部分变形的需要,并能减轻服装对身体的束缚感。

氨纶具有高断裂伸长(400% 以上)、低模量和高弹性回复率的合成纤维。多嵌段聚氨酯纤维的中国商品名称。又称弹性纤维。氨纶具有高延伸性(500%~700%)、和高弹性回复率(200% 伸长,95%~99%)。除强度较大外,其他物理机械性能与天然乳胶丝十分相似。它比乳胶丝更耐化学降解,具有中等的热稳定性,软化温度约在 200 ℃ 以上。用于合成纤维和天然纤维的大多数染料和整理剂,也适用于氨纶的染色和整理。氨纶耐汗、耐海水并耐各种干洗剂和大多数防晒油。长期暴露在日光下或在氯漂白剂中也会退色，但退色程度随氨纶的类型而不同，差异很大。

氨纶弹力格布

氨纶纤维所以具有如此高的弹力是因为它的高分子链是由低熔点、无定型的"软"链段为母体和嵌在其中的高熔点、结晶的"硬"链段所组成。柔性链段分子链间以一定的交联形成一定的网状结构，由于分子链间相互作用力小，可以自由伸缩，造成大的伸长性能。刚性链段分子链结合力比较大，分子链不会无限制地伸长，造成高的回弹性。氨纶长丝断裂强度在所有纺织纤维中是最低的。吸湿范围较小，耐热性视品种不同而有较大差异，大多数纤维在 90 ℃~150 ℃ 范围内短时间存放，纤维不会受到损伤，安全熨烫温度为 150 ℃ 以下，可以加温干扰与湿洗。染色性能较优，可染成各种颜色，染料对纤维亲和力强，可适应绝大多数品种的染料，并具有较好的耐化学性，耐大多数的酸碱、化学药剂、有机溶剂、干洗剂和漂白剂，以及耐日晒和风雪，但不耐氧化物，易使纤维变黄与强力降低。

氨纶一般不单独使用，而是少量地掺入织物中。这种纤维既具有橡胶性能又具有纤维的性能，多数用于以氨纶为芯纱的包芯纱，称为弹力包芯纱，这种纱的主要特点：

（1）可获得良好的手感与外观，以天然纤维组成的外纤维吸湿性好。

（2）只用 1%~10% 的氨纶长丝就可生产出优质的弹力纱。

（3）弹性百分率控制范围从 10% 到 20%，能根据产品的用途，选择不同的弹性值。易于纺制不同粗细的丝，因此广泛被用来制作弹性编织物，如袜口、家具罩、滑雪衣、运动服、医疗织物、带类、军需装备、宇航服的弹性部分等。

随着人们对织物提出新的要求，如重量轻、穿着舒适合身、质地柔软等，低纤度氨纶织物在合成纤维织物中所占的比例也越来越大。也有用氨纶裸体

高性能结构材料

丝和氨纶与其他纤维合并加捻而成的加捻丝,主要用于各种经编、纬编织物、机织物和弹性布等。

陶瓷材料

陶瓷材料是用天然或合成化合物经过成形和高温烧结制成的一类无机非金属材料。它具有高熔点、高硬度、高耐磨性、耐氧化等优点。可用作结构材料、刀具材料,由于陶瓷还具有某些特殊的性能,又可作为功能材料。

陶瓷材料分为普通陶瓷(传统陶瓷)材料和特种陶瓷(现代陶瓷)材料两大类。作为新材料的特种陶瓷是采用高纯度人工合成的原料,利用精密控制工艺成形烧结制成,一般具有特殊的力学、光、声、电、磁、热等性能,以适应各种需要。

半导体陶瓷

半导体陶瓷的基本特征是这种陶瓷具有半导体性质。因敏感陶瓷多属半导体陶瓷或者说半导体陶瓷多半用于敏感元件,所以常将半导体陶瓷称为敏感陶瓷。

半导体陶瓷是由各种氧化物组成的,这些氧化物多数具有比较宽的禁带,在常温下是绝缘体。通过微量杂质的掺入,控制烧结气氛及陶瓷的微观结构,使之受到热激发产生导电载流子,从而使传统的绝缘体成为具有一定性能的半导体。

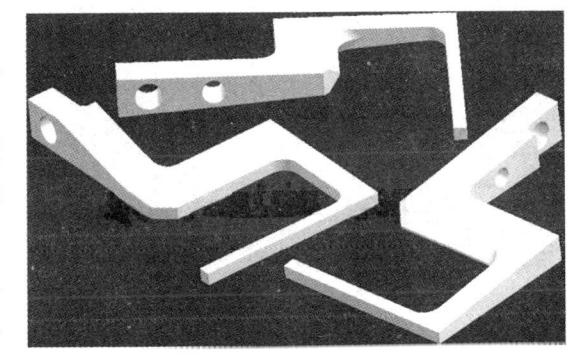

半导体陶瓷

半导体陶瓷的电导率因外界条件(温度、光照、电场、气氛和温度等)的变化而发生显著的变化,因此可以将外界环境的物理量变化转变为电信号,制成各种用途的敏感元件。

半导体陶瓷生产工艺的共同特点是必须经过半导化过程。半导化过程可通过掺杂不等价离子取代部分主晶相离子（例如，$BaTiO_3$ 中的 Ba^{2+} 被 La^{3+} 取代），使晶格产生缺陷，形成施主或受主能级，以得到 n 型或磷型的半导体陶瓷。另一种方法是控制烧成气氛、烧结温度和冷却过程。例如氧化气氛可以造成氧过剩，还原气氛可以造成氧不足，这样可使化合物的组成偏离化学计量而达到半导化。半导体陶瓷敏感材料的生产工艺简单、成本低廉、体积小、用途广泛。

敏感陶瓷

敏感陶瓷是某些传感器中的关键材料之一，它是根据某些陶瓷的电阻率、电动势等物理量对热、湿、光、电压等变化特别敏感这一特性制作的敏感元件，按其相应特性，可分作压敏、热敏、光敏、气敏、湿敏及离子敏感陶瓷。此外还有具有压电效应的压力、速度、位置、声波敏感陶瓷，具有铁氧体性质的磁敏陶瓷及具有多种敏感特性的多功能敏感陶瓷。纳米敏感陶瓷已成为人们研究的热门课题。

敏感陶瓷

压敏陶瓷：指伏安特性为非线性的陶瓷，如碳化硅、氧化锌系陶瓷。它们的电阻率相对于电压是可变的，在某一临界电压下电阻值很高，超过这一临界电压则电阻急剧降低。典型产品是氧化锌压敏陶瓷，主要用于浪涌吸收、高压稳压、电压电流限制和过电压保护等方面。

热敏陶瓷：又称热敏电阻陶瓷，指电导率随温度呈明显变化的陶瓷。有三种类型：

（1）负温系数热敏电阻（简称 NTC），如一些过渡金属如锰、铁、钴、镍等的氧化物半导体陶瓷，特点是随着温度升高，电阻呈指数减小。

（2）正温系数热敏电阻（简称 BTC），如掺杂的钛酸钡半导体陶瓷，特点是随着温度升高电阻增大，并在居里点有剧变。

（3）剧变型热敏电阻（简称CTR），如氧化钒及其掺杂半导体陶瓷，具有负温系数，并在某一温度，电阻产生急剧变化，变化值可达3~4个数量级。热敏陶瓷主要用于温度补偿、温度测量、温度控制、火灾探测、过热保护和彩色电视机消磁等方面。

光敏陶瓷：指具有光电导或光生伏特效应的陶瓷，如硫化镉、碲化镉、砷化镓、磷化铟、锗酸铋等陶瓷或单晶。当光照射到它的表面时电导增加。主要用作自动控制的光开关和太阳能电池等。

气敏陶瓷：指电导率随着所接触气体分子的种类不同而变化的陶瓷，如氧化锌、氧化锡、氧化铁、五氧化二钒、氧化锆、氧化镍和氧化钴等系统的陶瓷。主要用于对不同气体进行检漏、防灾报警及测量等方面。

湿敏陶瓷：指电导率随湿度呈明显变化的陶瓷，如四氧化三铁、氧化钛、氧化钾-氧化铁、铬酸镁-氧化钛及氧化锌-氧化锂-氧化钒等系统的陶瓷。它们的电导率对水特别敏感，适宜用作湿度的测量和控制。

近来，控制系统已经愈益系统化，需要能够检测两种或几种物理和化学参数，并给出互不干扰电信号的多功能敏感元件。适应这种需要的湿度-气体敏感陶瓷和温度-湿度敏感陶瓷等多功能敏感陶瓷正在研制中。

高温结构陶瓷

在材料中，有一类叫结构材料的，利用其强度、硬度韧性等机械性能能制成各种材料。金属作为结构材料，一直被广泛使用。但是，由于金属易受腐蚀，在高温时不耐氧化，不适合在高温时使用。高温结构材料的出现，弥补了金属材料的弱点。这类材料具有能经受高温、不怕氧化、耐酸碱腐蚀、硬度大、耐磨损、密度小等优点，作为高温结构材料，非常适合。

（1）氧化铝陶瓷。氧化铝陶瓷（人造刚玉）是一种极有前途的高温结构材料。它的熔点很高，可作高级耐火材料，如坩埚、高温炉管等。利用氧化铝硬度大的优

高温结构的陶瓷

点，可以制造在实验室中使用的刚玉磨球机，用来研磨比它硬度小的材料。用高纯度的原料，使用先进工艺，还可以使氧化铝陶瓷变得透明，可制作高压钠灯的灯管。

（2）氮化硅陶瓷。氮化硅陶瓷也是一种重要的结构材料，它是一种超硬物质，密度小，本身具有润滑性，并且耐磨损，除氢氟酸外，它不与其他无机酸反应，抗腐蚀能力强；高温时也能抗氧化。而且它还能抵抗冷热冲击，在空气中加热到1 000 ℃以上，急剧冷却再急剧加热，也不会碎裂。正是氮化硅具有如此良好的特性，人们常常用它来制造轴承、汽轮机叶片、机械密封环、永久性模具等机械构件。

（3）氮化硼陶瓷、碳化硼陶瓷。外观与性状：润滑，易吸潮。氮化硼是白色、难溶、耐高温的物质。通常制得的氮化硼是石墨型结构，俗称为白色石墨。另一种是金刚石型，和石墨转变为金刚石的原理类似，石墨型氮化硼在高温（1800 ℃）、高压（800Mpa）下可转变为金刚型氮化硼。这种氮化硼与金刚石性质相似，密度也和金刚石相近，它的硬度和金刚石不相上下，而耐热性比金刚石好，是新型耐高温的超硬材料，用于制作钻头、磨具和切割工具。

（4）人造宝石。红宝石和蓝宝石的主要成分都是Al_2O_3（刚玉）。红宝石呈现红色是由于其中混有少量含铬化合物；而蓝宝石呈蓝色则是由于其中混有少量含钛化合物。1900年，科学家曾用氧化铝熔融后加入少量氧化铬的方法，制出了质量为2~4克的红宝石。现在，已经能制造出大到10克的红宝石和蓝宝石。

生物陶瓷

生物硬组织的代用材料有体骨、动物骨，后来发展到采用不锈钢和塑料，由于这些生物材料在生物体中使用，不锈钢存在溶析、腐蚀和疲劳问题，塑料存在稳定性差和强度低的问题。目前世界各国相继发展了生物陶瓷材料，它不仅具有不锈钢塑料所具有的特性，而且具有亲水性、能与细胞等生物组织表现出良好的亲和性。因此生物陶瓷具有广阔的发展前景。生物陶瓷除用于测量、诊断治疗等外，主要是用作生物硬组织的代用材料。可用于骨科、整形外科、牙科、口腔外科、心血管外科、眼外科、耳鼻喉科及普通外科等方面。

生物陶瓷作为硬组织的代用材料来说，主要分为生物惰性和生物活性两大类。

（1）生物惰性陶瓷材料。生物惰性陶瓷材料主要是指化学性能稳定、生物相溶性好的陶瓷材料。这类陶瓷材料的结构都比较稳定、分子中的键力较强，而且都具有较高的机械强度、耐磨性以及化学稳定性，它主要有氧化铝陶瓷、单晶陶瓷、氧化锆陶瓷、玻璃陶瓷等。

生物陶瓷人工骨

（2）生物活性陶瓷材料。生物活性陶瓷材料包括表面生物活性陶瓷材料和生物吸收性陶瓷材料，又叫生物降解陶瓷材料。生物表面活性陶瓷材料通常含有羟基，还可做成多孔性，生物组织可长入并其表面发生牢固的键合；生物吸收性陶瓷材料的特点是能部分吸收或者全部吸收，在生物体内能诱发新生骨的生长。生物活性陶瓷材料有生物活性玻璃（磷酸钙系）材料、羟基磷灰和陶瓷材料、磷酸三钙陶瓷材料等几种。

陶瓷的性能

力学性能：陶瓷材料是工程材料中刚度最好、硬度最高的材料，其硬度大多在 1500HV 以上。陶瓷的抗压强度较高，但抗拉强度较低，塑性和韧性很差。

热性能：陶瓷材料一般具有高的熔点（大多在 2000 ℃以上），且在高温下具有极好的化学稳定性；陶瓷的导热性低于金属材料，陶瓷还是良好的隔热材料。同时陶瓷的线膨胀系数比金属低，当温度发生变化时，陶瓷具有良好的尺寸稳定性。

电性能：具有良好的电绝缘性，因此大量用于制作各种电压（1kV～110kV）的绝缘器件。

化学性能：陶瓷材料在高温下不易氧化，并对酸、碱、盐具有良好的抗腐蚀能力。

光学性能：独特的光学性能，可用作固体激光器材料、光导纤维材料、光储存器等，透明陶瓷可用于高压钠灯管等。

# 新型建筑材料
XINXING JIANZHU CAILIAO

　　新型建筑材料是区别于传统的砖瓦、灰砂石等建材的建筑材料新品种，包括的品种和门类很多。从功能上分，有墙体材料、装饰材料、门窗材料、保温材料、防水材料、黏结和密封材料，以及与其配套的各种五金件、塑料件及各种辅助材料等。从材质上分，不但有天然材料，还有化学材料、金属材料、非金属材料等等。

　　新型建材具有轻质、高强度、保温、节能、节土、装饰等优良特性。采用新型建材不但使房屋功能大大改善，还可以使建筑物内外更具现代气息，满足人们的审美要求；有的新型建材可以显著减轻建筑物自重，为推广轻型建筑结构创造了条件，推动了建筑施工技术现代化，大大加快了建房速度。

　　新型建材的性能和功用各不相同，生产新型建材产品的原材料及工艺方法也各不相同。就其发展情况而言，有的品种重在花色，花色品种层出不穷，如装饰装修材料；有的品种重在功能，如保温材料；有的则通过深加工衍生出多个品种，如新型建筑板材等。

低热和中热水泥

水化热是指物质与水化合时所放出的热。水泥的水化热也可以称为硬化热,因其中包括水化、水解和结晶等一系列作用。水化热可在量热器中直接测量,也可通过熔解热间接计算。

水化热高的水泥不得用在大体积混凝土工程中,否则会使混凝土的内部湿度大大超过外部,从而引起较大的温度应力,使混凝土表面产生裂缝,严重影响混凝土的强度及其他性能。水化热对冬季施工的混凝土工程较为有利,能提高其早期强度。

在使用水化热较高的水泥时,应采取措施来防止混凝土内部的水化热过高。由此诞生了低热和中热水泥。这类水泥水化热较低,适用于大坝和其他大体积建筑。

按水泥组成不同可分为硅酸盐中热水泥、普通硅酸盐中热水泥、矿渣硅酸盐低热水泥和低热微膨胀水泥等。低热和中热水泥是按水泥在3、7天龄期内放出的水化热量来区别。中国标准规定:低热水泥3、7天的水化热值,分别低于188×10^3和251×10^3焦/千克;中热水泥分别低于230×10^3和293×10^3焦/千克。

水泥的起源

英文水泥cement一词由拉丁文caementum发展而来,是碎石及片石的意思。水泥的历史可追溯到古罗马人在建筑工程中使用的石灰和火山灰的混合物。1796年英国人J.帕克用泥灰岩烧制一种棕色水泥,称罗马水泥或天然水泥。1824年英国人阿斯普丁用石灰石和黏土烧制成水泥,硬化后的颜色与英格兰岛上波特兰地方用于建筑的石头相似,被命名为波特兰水泥,并取得了专利权。20世纪初,随着人民生活水平的提高,对建筑工程的要求日益提高,在不断改进波特兰水泥的同时,研制成功一批适用于特殊建筑工程的水泥,

如高铝水泥、硫铝酸盐水泥等，水泥品种已发展到100多种。

抗硫酸盐水泥

抗硫酸盐水泥是对硫酸盐腐蚀具有较高抵抗能力的水泥。按水泥矿物组成不同可分为抗硫酸盐硅酸盐水泥、铝酸盐贝利特水泥和矿渣锶水泥等。

按水泥抵抗硫酸盐侵蚀能力的大小，又可分为抗硫酸盐水泥和高抗硫酸盐水泥。抗硫酸盐硅酸盐水泥是抗硫酸盐水泥的主要品种，由特定矿物组成的硅酸盐水泥熟料，掺加适量石膏磨细而成。

中国标准规定：抗硫酸盐硅酸盐水泥熟料中，硅酸三钙含量不大于50%；铝酸三钙不大于5%；铝酸三钙与铁铝酸四钙含量不大于22%；游离石灰含量不得超过1.0%；氧化镁含量不得超过4.5%；而水泥中的三氧化硫含量不得超过2.5%；水泥的抗硫酸盐侵蚀指标，即腐蚀系数Fb不得小于0.8。

抗硫酸盐水泥适用于同时受硫酸盐侵蚀、冻融和干湿作用的海港工程、水利工程以及地下工程。

硫酸盐的危害

环境中有许多金属离子，可以与硫酸根结合成稳定的硫酸盐。大气中硫酸盐形成的气溶胶对材料有腐蚀破坏作用，危害动植物健康，而且可以起催化作用，加重硫酸雾毒性；随降水到达地面以后，破坏土壤结构，降低土壤肥力，对水系也有不利影响。

硫酸盐经常存在于饮用水中，其主要来源是地层矿物质的硫酸盐，多以硫酸钙、硫酸镁的形态存在；石膏、其他硫酸盐沉积物的溶解；海水入侵，亚硫酸盐和硫代硫酸盐等在充分曝气的地面水中氧化，以及生活污水、化肥、含硫地热水、矿山废水、制革、纸张制造中使用硫酸盐或硫酸的工业废水等都可以使饮用水中硫酸盐含量增高。在大量摄入硫酸盐后出现的最主要生理反映是腹泻、脱水和胃肠道紊乱。

膨胀水泥

膨胀水泥是硬化过程中体积会膨胀增加的水泥。一般硅酸盐水泥在空气中硬化时,体积会发生收缩。收缩会使水泥石结构产生微裂缝,降低水泥石结构的密实性,影响结构的抗渗、抗冻、抗腐蚀等。膨胀水泥在硬化过程中体积不会发生收缩,还略有膨胀,可以解决由于收缩带来的不利后果。

按矿物组成不同,中国分为硅酸盐类膨胀水泥、铝酸盐类膨胀水泥、硫铝酸盐类膨胀水泥和氢氧化钙类膨胀水泥。硅酸盐膨胀水泥、明矾石膨胀水泥、氧化铁膨胀水泥、氧化镁膨胀水泥、K型膨胀水泥等属于硅酸盐类膨胀水泥。

这类水泥一般是在硅酸盐水泥中,掺加各种不同的膨胀组分磨制而成。如以高铝水泥和石膏作为膨胀组分,适量加入硅酸盐水泥中,可制得硅酸盐膨胀水泥。石膏矾土膨胀水泥属于铝酸盐类膨胀水泥,通常是在高铝水泥中掺加适量石膏和石灰共同磨制而成。硫铝酸盐膨胀水泥是由硫铝酸盐水泥熟料掺加适量石膏共同磨制而成。

一般膨胀值较小的水泥,可配制收缩补偿胶砂和混凝土,适用于加固结构,灌筑机器底座或地脚螺栓,堵塞、修补漏水的裂缝和孔洞,以及地下建筑物的防水层等。

膨胀值较大的水泥,也称自应力水泥,用于配制钢筋混凝土。自应力水泥在硬化初期,由于化学反应,水泥石体积膨胀,使钢筋受到拉应力,反之,钢筋使混凝土受到压应力,这种预压应力能够提高钢筋混凝土构件的承载能力和抗裂性能。

膨胀水泥在硬化过程中,水泥中的矿物水化生成的水化物在结晶时会产生很大的膨胀能,人们利用这一原理研制成功了无声破碎剂,已应用于混凝土构筑物的拆除及岩石的开采、切割和破碎等方面,收到了良好的效果。

新型建筑材料

耐火水泥

耐火水泥是耐火度不低于1580 ℃的水泥。

历史资料显示，随着人们对铝酸钙耐热性能的发现和了解，1913年欧洲的铝酸钙的产量便有了飞速的提高。当20世纪20年代不定型耐火浇注材料开始迈出自己的发展步伐时。到20世纪80年代末和90年代，逐渐出现了新的浇注技术。最先引进使用的是低水泥浇注料的泵送和自流浇注技术。之后，又出现了湿式喷涂或喷射技术。在这些技术的变革中，产生了耐火水泥。

耐火水泥也叫铝酸盐水泥。铝酸盐水泥是以铝矾土和石灰石为原料，经煅烧制得的以铝酸钙为主要成分、氧化铝含量约50%的熟料，再磨制成的水硬性胶凝材料。铝酸盐水泥常为黄或褐色，也有呈灰色的。铝酸盐水泥的主要矿物成为铝酸一钙及其他的铝酸盐，以及少量的硅酸二钙等。

按组成不同可分为铝酸盐耐火水泥、低钙铝酸盐耐火水泥、钙镁铝酸盐水泥和白云石耐火水泥等。耐火水泥可用于胶结各种耐火集料（如刚玉、煅烧高铝矾土等），制成耐火砂浆或混凝土，用于水泥回转窑和其他工业窑炉作内衬。

彩色水泥

彩色水泥通常由白色水泥熟料、石膏和颜料共同磨细而成。所用的颜料要求在光和大气作用下具有耐久性，高的分散度，耐碱，不含可溶性盐，对水泥的组成和性能不起破坏作用。常用的无机颜料有氧化铁（可制红、黄、褐、黑色水泥）、二氧化锰（黑、褐色）、氧化铬（绿色）、钴蓝（蓝色）、群青蓝（蓝色）、炭黑（黑色）；有机颜料有孔雀蓝（蓝色）、天津绿（绿色）等。在制造红、褐、黑等深色彩色水泥时，也可用硅酸盐水泥熟料代替白色水泥熟料磨制。彩色水泥还可在白色水泥生料中加入少量金属氧化物作为着色剂，直接煅烧成彩色水泥熟料，然后再磨细，制成水泥。彩色水泥主要用作建筑装饰材料，也可用于混凝土、砖石等的粉刷饰面。

防辐射水泥

防辐射水泥是对 X 射线、γ 射线、快中子和热中子能起较好屏蔽作用的水泥。这类水泥的主要品种有钡水泥、锶水泥、含硼水泥等。

钡水泥以重晶石黏土为主要原料,经煅烧获得以硅酸二钡为主要矿物组成的熟料,再掺加适量石膏磨制而成。其比重达 4.7~5.2,可与重集料(如重晶石、钢段等)配制成防辐射混凝土。

钡水泥的热稳定性较差,只适宜于制作不受热的辐射防护墙。

锶水泥是以碳酸锶全部或部分代替硅酸盐水泥原料中的石灰石,经煅烧获得以硅酸三锶为主要矿物组成的熟料,加入适量石膏磨制而成。其性能与钡水泥相近,但防射线性能稍逊于钡水泥。

在高铝水泥熟料中加入适量硼镁石和石膏,共同磨细,可获得含硼水泥。这种水泥与含硼集料、重质集料可配制成比重较高的混凝土,适用于防护快中子和热中子的屏蔽工程。

低辐射节能玻璃

低辐射节能玻璃

人们通常喜欢视野开阔的房间,有充足的光线,宽大明亮的玻璃窗。然而随着阳光一起射入室内的,还有大量的热量。在炎炎夏日,即使室内开着空调,靠近窗边时仍然会感觉一阵阵扑面而来的热浪。

在建筑物的保温隔热体系中,玻璃门窗往往是最薄弱的一个环节,其中关键是玻璃——即使是气密性很好的中空玻璃,可以阻挡绝大部分的空气对流传热,却很难有效控制太阳辐射传热。阳光和热量像一对孪生子,你选择了其中一个,也就同时选择了另一个。

新型建筑材料

所以建筑师就会有这样的两难抉择：如果想要室内光线充足、空间通透、视野开阔（尤其是外部环境优美的地段），玻璃的面积越宽大越好；另一方面，如果考虑节能的效率和室内热工环境的稳定性和舒适性，就希望玻璃的面积不宜过大。

玻璃钢

单一种玻璃纤维，虽然强度很高，但纤维间是松散的，只能承受拉力，不能承受弯曲、剪切和压应力，还不易做成固定的几何形状，是松软体。如果用合成树脂把它们黏合在一起，可以做成各种具有固定形状的坚硬制品，既能承受拉应力，又可承受弯曲、压缩和剪切应力。这就组成了玻璃纤维增强的塑料基复合材料。由于其强度相当于钢材，又含有玻璃组分，也具有玻璃那样的色泽、形体、耐腐蚀、电绝缘、隔热等性能，像玻璃那样，历史上形成了这个通俗易懂的名称"玻璃钢"。由于所使用的树脂品种不同，因此有聚酯玻璃钢、环氧玻璃钢、酚醛玻璃钢之称。质轻而硬，不导电，机械强度高，回收利用少，耐腐蚀。可以代替钢材制造机器零件和汽车、船舶外壳等。

有机玻璃

有机玻璃是一种通俗的名称，从这个名称看，你未必能知道它是一种什么样的物质，也无从知道它是由什么元素组成的。这种高分子透明材料的化学名称叫聚甲基丙烯酸甲酯，是由甲基丙烯酸甲酯聚合而成的。

1927年，德国罗姆－哈斯公司的化学家在两块玻璃板之间将丙烯酸酯加热，丙烯酸酯发生聚合反应，生成了黏性的橡胶状夹层，可用作防破碎的安全玻璃。当他们用同样的方法使甲基丙烯酸甲酯聚合时，得到了透明度好、其他性能良好的有机玻璃板，它就是聚甲基丙烯酸甲酯。

1931年，罗姆－哈斯公司建厂生产聚甲基丙烯酸甲酯，首先在飞机工业得到应用，取代了赛璐珞塑料，用作飞机座舱罩和挡风玻璃。

彩色有机玻璃板

如果在生产有机玻璃时加入各种染色剂，就可以聚合成为彩色有机玻璃；如果加入荧光剂（如硫化锌），就可聚合成荧光有机玻璃；如果加入人造珍珠粉（如碱式碳酸铅），则可制得珠光有机玻璃。

有机玻璃的特性主要有以下几点：

（1）高度透明性。有机玻璃是目前最优良的高分子透明材料，透光率达92%，比玻璃的透光度高。称为人造小太阳的太阳灯的灯管是石英做的，这是因为石英能完全透过紫外线。普通玻璃只能透过0.6%的紫外线，但有机玻璃却能透过73%。

（2）机械强度高。有机玻璃的相对分子质量大约为200万，是长链的高分子化合物，而且形成分子的链很柔软，因此，有机玻璃的强度比较高，抗拉伸和抗冲击的能力比普通玻璃高7~18倍。有一种经过加热和拉伸处理过的有机玻璃，其中的分子链段排列得非常有次序，使材料的韧性有显著提高。用钉子钉进这种有机玻璃，即使钉子穿透了，有机玻璃上也不产生裂纹。这种有机玻璃被子弹击穿后同样不会破成碎片。因此，拉伸处理的有机玻璃可用作防弹玻璃，也用作军用飞机上的座舱盖。

（3）重量轻。有机玻璃的密度为1.18 kg/dm，同样大小的材料，其重量只有普通玻璃的一半，金属铝（属于轻金属）的43%。

（4）易于加工。有机玻璃不但能用车床进行切削，钻床进行钻孔，而且能用丙酮、氯仿等黏结成各种形状的器具，也能用吹塑、注射、挤出等塑料成型的方法加工成大到飞机座舱盖、小到假牙和牙托等形形色色的制品。

有机玻璃具有以上优良性能，使它的用途极为广泛。除了在飞机上用作座舱盖、风挡和弦窗外，也用作吉普车的风挡和车窗、大型建筑的天窗（可以防破碎）、电视和雷达的屏幕、仪器和设备的防护罩、电子仪表的外壳、望远镜和照相机上的光学镜片。

用有机玻璃制造的日用品琳琅满目，如用珠光有机玻璃制成的纽扣，各

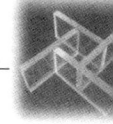

新型建筑材料

种玩具、灯具也都因为有了彩色有机玻璃的装饰作用，而显得格外的美观。

有机玻璃在医学上还有一个绝妙的用处，那就是制造人工角膜。如果人眼的透明角膜长满了不透明的物质，光线就不能进入眼内。这就是全角膜白斑病引起的失明，而且这种病无法用药物治疗。

于是，医学家设想用人工角膜代替长满白斑的角膜。所谓人工角膜，就是用一种透明的物质做成一个直径只有几毫米的镜柱，然后在人眼的角膜上钻一个小孔，把镜柱固定在角膜上，光线通过镜柱进入眼内，人眼就能重见光明。

早在1771年，就有眼科医生用光学玻璃做成镜柱，植入角膜，但并未获得成功。后来，用水晶代替光学玻璃，也只用了半年就失效了。但用有机玻璃制造人工角膜，它的透光性好，化学性质稳定，对人体无毒，容易加工成所需形状，能与人眼长期相容。现在用有机玻璃做的人工角膜已经普遍用于临床。

有机玻璃与普通玻璃看来像是一家人，事实上它们是完全不相同的两家。普通玻璃的"父亲"是硅酸盐，但有机玻璃的"父母"却是丙酮、甲醇、硫酸以及氰化氢。

有机玻璃的真名字叫做聚甲基丙烯酸甲酯。这个名字念起来相当别扭，因为它是人工合成的一种高分子聚合物，因此人们笼统地把它叫做有机玻璃。

有机玻璃性格一般比普通玻璃倔强得多。它的密度尽管比普通玻璃小一半，但不像玻璃那样容易破碎。它的透明度十分好，晶莹剔透，并且具有很好的热塑性，把它加热，就能任意把

剔透的有机玻璃管

它塑成玻璃棒、玻璃管或玻璃板，正由于它有惹人喜爱的外貌以及性格，所以它的用途很广。

喷气式飞机在云端高速飞行时，经常会遇到剧烈的振动以及温度的突变和气流的压力等特别情况，这对飞机座舱的窗玻璃就是严峻的考验。

谁可以经受这种考验呢？有机玻璃。假如是战斗机，在追击敌人时，有机玻璃被子弹打中，它也不会整块破裂，而只穿一小孔，这样就不会再发生类似玻璃碎片伤人的事故。

普通玻璃的厚度超过15厘米，就会变成翠绿一片，并且隔着玻璃没法看清东西。有机玻璃隔着1米厚，还可以清晰地看清对面的东西。因为它的透光性能相当好，再加上紫外线也可以穿透，所以常用来制造光学仪器。

有机玻璃另外有一个令人惊异的性能：一条弯曲的有机玻璃棒，只要弯度小于48°，光线就可以沿着它，像水通过水管一样投射过来。光线可以走弯路，多么有趣！利用这个绝技，它就变成了制造外科传光玻璃仪器的珍品。因此，医生在手术室动手术的时候，就不用担心看不清楚了。

有机玻璃既轻巧，又坚韧，化学性又相当稳定，受热而且有可塑性，因此它的用途十分广泛。

泡沫玻璃

泡沫玻璃内部要求要充满气孔，这些气孔应当只有很小的开口，最好都是闭口的气孔；气孔与气孔之间不能互相通气；气孔不能大的大、小的小，而要均匀一致；按体积计算，要求气孔占泡沫玻璃总体积的90%以上。

泡沫玻璃的制造原理很简单，即把玻璃粉与碳酸钙或碳等发泡剂混合起来，放在耐热的模具里烧结，这时碳酸钙就会产生出二氧化碳

奇特的泡沫玻璃

气体。它们就留在熔化了的玻璃中，待退火后，这件泡沫玻璃制品就算制成了。这种烧结方法，叫粉末法。

泡沫玻璃的特点是导热系数小、强度高、容量轻、耐腐蚀、不怕冻、不怕烧，也比较容易加工。

泡沫玻璃的用途相当广泛。闭口气孔多的泡沫玻璃隔热性能好，是一种物美价廉的轻型保温材料。开口气孔多的泡沫玻璃吸声性能好，可用于防止噪声干扰的场合。此外，泡沫玻璃还可以用作过滤材料，也可以在化学反应中用作催化剂的载体材料。目前，它已在建筑、建材、冶金、化工、石油、造船和国防工业等方面得到广泛应用。

五花八门的新材料
WUHUABAMEN DE XINCAILIAO

新材料主要有传统材料革新和新型材料的推出构成,随着高新技术的发展,新材料与传统材料产业结合日益紧密,产业结构呈现出横向扩散的特点。

新材料作为高新技术的基础和先导,应用范围极其广泛,它同信息技术、生物技术一起成为21世纪最重要和最具发展潜力的领域。

同传统材料一样,新材料可以从结构组成、功能和应用领域等多种不同角度对其进行分类,不同的分类之间相互交叉和嵌套,很难有一个统一的标准。目前,一般按应用领域和当今的研究热点把新材料分为信息材料、能源材料、纳米材料、先进复合材料、生态环境材料、新型金属材料、生物医用材料、高性能结构材料、智能材料、新型建筑材料,等等。

▋▋▋ 纳米材料

纳米金属材料是20世纪80年代中期研制成功的,后来相继问世的有纳米半导体薄膜、纳米陶瓷、纳米瓷性材料和纳米生物医学材料等。

纳米颗粒材料又称为超微颗粒材料,由纳米粒子组成。纳米粒子也叫超微颗粒,一般是指尺寸在1~100纳米间的粒子,是处在原子簇和宏观物体交

五花八门的新材料

界的过渡区域,从通常关于微观和宏观的观点看,这样的系统既非典型的微观系统亦非典型的宏观系统,是一种典型的介观系统,它具有表面效应、小尺寸效应和宏观量子隧道效应。当人们将宏观物体细分成超微颗粒(纳米级)后,它将显示出许多奇异的特性,即它的光学、热学、电学、磁学、力学以及化学方面的性质和大块固体时相比将会有显著的不同。

纳米技术的广义范围可包括纳米材料技术及纳米加工技术、纳米测量技术、纳米应用技术等方面。其中纳米材料技术着重于纳米功能性材料的生产(超微粉、镀膜、纳米改性材料等)、性能检测技术(化学组成、微结构、表面形态、物、化、电、磁、热及光学等性能)。纳米加工技术包含精密加工技术(能量束加工等)及扫描探针技术。

纳米材料具有一定的独特性,当物质尺寸小到一定程度时,则必须改用量子力学取代传统力学的观点来描述它的行为,当粉末粒子尺寸由 10 微米降至 10 纳米时,其粒径改变 1 000 倍,二者行为上将产生明显的差异。

纳米粒子不同于大块物质的理由是在其表面积相对增大,也就是超微粒子的表面布满了阶梯状结构,此结构代表具有高表面能量的不安定原子。这类原子极易与外来原子吸附键结,同时因粒径缩小而提供了大表面的活性原子。

就熔点来说,纳米粉末中由于每一粒子组成原子少,表面原子处于不安定状态,使其表面晶格震动的振幅较大,所以具有较高的表面能量,造成超微粒子特有的热性质,也就是造成熔点下降,同时纳米粉末将比传统粉末容易在较低温度烧结,而成为良好的烧结促进材料。

一般常见的磁性物质均属多磁区之集合体,当粒子尺寸小至无法区分出其磁区时,即形成单磁区之磁性物质。因此磁性材料制作成超微粒子或薄膜时,将成为优异的磁性材料。

纳米技术在世界各国尚处于萌芽阶段,美、日、德等少数国家,虽然已经初具基础,但是尚在研究之中,新理论和技术的出现仍然方兴未艾。我国已努力赶上先进国家水平,研究队伍也在日渐壮大。

纳米材料大致可分为纳米粉末、纳米纤维、纳米膜、纳米块体等四类。其中纳米粉末开发时间最长、技术最为成熟,是生产其他三类产品的基础。

纳米粉末:又称为超微粉或超细粉,一般指粒度在 100 纳米以下的粉末或颗粒,是一种介于原子、分子与宏观物体之间处于中间物态的固体颗粒材料。可用于高密度磁记录材料、吸波隐身材料、磁流体材料、防辐射材料、单晶硅和精密光学器件抛光材料、微芯片导热基片与布线材料、微电子封装材料、光电子材料、先进的电池电极材料、太阳能电池材料、高效催化剂、高效助燃剂、敏感元件、高韧性陶瓷材料（摔不裂的陶瓷，用于陶瓷发动机等）、人体修复材料、抗癌制剂等。

纳米纤维：指直径为纳米尺度而长度较大的线状材料。可用于微导线、微光纤（未来量子计算机与光子计算机的重要元件）材料、新型激光或发光二极管材料等。

纳米膜：纳米膜分为颗粒膜与致密膜。颗粒膜是纳米颗粒粘在一起、中间有极为细小的间隙的薄膜。致密膜指膜层致密但晶粒尺寸为纳米级的薄膜。可用于气体催化（如汽车尾气处理）材料、过滤器材料、高密度磁记录材料、光敏材料、平面显示器材料、超导材料等。

纳米块体：是将纳米粉末高压成型或控制金属液体结晶而得到的纳米晶粒材料。主要用于超高强度材料、智能金属材料等。

纳米材料的用途很广，主要用途有：

医药使用纳米技术能使药品生产过程越来越精细，并在纳米材料的尺度上直接利用原子、分子的排布制造具有特定功能的药品。纳米材料粒子将使药物在人体内的传输更为方便，用数层纳米粒子包裹的智能药物进入人体后可主动搜索并攻击癌细胞或修补损伤组织。使用纳米技术的新型诊断仪器只需检测少量血液，就能通过其中的蛋白质和DNA诊断出各种疾病。

家电：用纳米材料制成的纳米材料多功能塑料，具有抗菌、除味、防腐、抗老化、抗紫外线等作用，可用作电冰箱、空调外壳里的抗菌除味塑料。

电子计算机和电子工业：可用于阅读硬盘读卡机以及存储容量为目前芯片上千倍的纳米材料级存储器芯片，现都已投入生产。计算机在普遍采用

纳米材料代表纳米科技的兴起

纳米材料后，可以缩小成为"掌上电脑"。

环境保护：环境科学领域将出现功能独特的纳米膜。这种膜能够探测到由化学和生物制剂造成的污染，并能够对这些制剂进行过滤，从而消除污染。

纺织工业：在合成纤维树脂中添加纳米硅O_2、纳米锌O、纳米硅O_2复配粉体材料，经抽丝、织布，可制成杀菌、防霉、除臭和抗紫外线辐射的内衣和服装，可用于制造抗菌内衣、用品，可制得满足国防工业要求的抗紫外线辐射的功能纤维。

机械工业：采用纳米材料技术对机械关键零部件进行金属表面纳米粉涂层处理，可以提高机械设备的耐磨性、硬度和使用寿命。

纳米碳材料主要包括三种类型：碳纳米管、碳纳米纤维、纳米碳球。

1. 碳纳米管

碳纳米管是由碳原子形成的石墨烯片层卷成的无缝、中空的管体，一般可分为单壁碳纳米管、多壁碳纳米管和双壁碳纳米管。

2. 碳纳米纤维

碳纳米纤维分为丙烯腈碳纤维和沥青碳纤维两种。碳纳米纤维质轻于铝而强力高于钢，它的比重是铁的1/4，强力是铁的10倍，除了有高超的强力外，其化学性能非常稳定，耐腐蚀性高，同时耐高温和低温、耐辐射、消臭。碳纳米纤维可以使用在各种不同的领域，由于制造成本高，大量用于航空器材、运动器械、建筑工程的结构材料。美国伊利诺伊大学发明了一种廉价碳纳米纤维，有高强力的韧性，同时有很强劲的吸附能力，能过滤有毒的气体和有害的生物，可用于制造防毒衣、面罩、手套和防护性服装等。

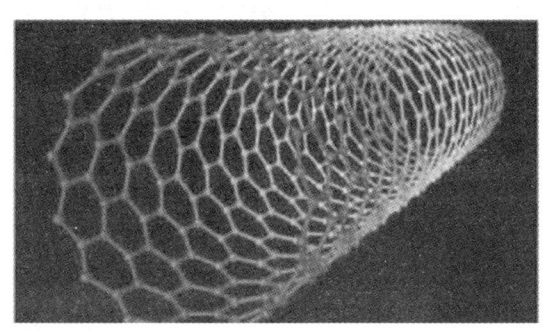

碳纳米管结构示意图

3. 纳米碳球

根据尺寸大小将纳米碳球分为：①富勒烯族系Cn和洋葱碳（具有封闭的石墨层结构，直径在2～20纳米之间），如$C60$，$C70$等；②未完全石墨化的纳米碳球，直径在50纳米～1微米之间；③碳微珠，直径在11微米以上。另

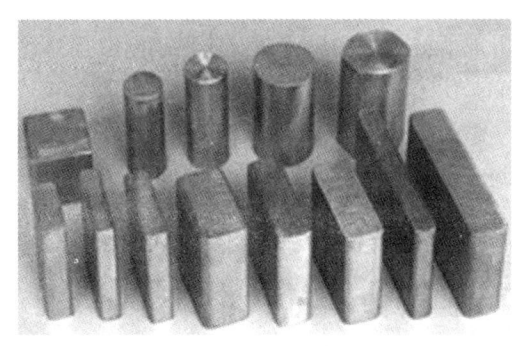

新型有色金属合金材料

外，根据纳米碳球的结构形貌可分为空心纳米碳球、实心硬纳米碳球、多孔纳米碳球、核壳结构纳米碳球和胶状纳米碳球等。

而碳纳米管是1991年日本的科学家饭岛教授在高分辨透射电子显微镜下发现的。和富勒烯不同的是，完美的碳纳米管是由碳原子的六边形组成的管状结构，类似于单个或多个石墨层卷曲而成（单壁碳纳米管或多壁碳纳米管），而只在管子的两端由五边形提供一定的曲率而闭合。碳纳米管的发现被世界权威杂志《科学》评为1997年度人类十大科学发现之一，更重要的是，使各种一维纳米结构进入了人们的视野。

很难想象你印象中漆黑的碳所形成的纳米碳笼是五颜六色的吧？它们的溶液颜色可以依碳笼大小而改变：60个碳原子形成的碳笼（C60）是紫色的，70个碳原子形成的碳笼（C70）变成暗红色，而由80个碳形成的碳笼（C80）则是绿色的……在碳笼的空腔内包入金属原子形成的金属富勒烯溶液也同样异彩纷呈，包入金属钐的富勒烯是橘红色的，包入金属钆的富勒烯是棕色的，而包入金属铕的富勒烯发出绿宝石一样的光

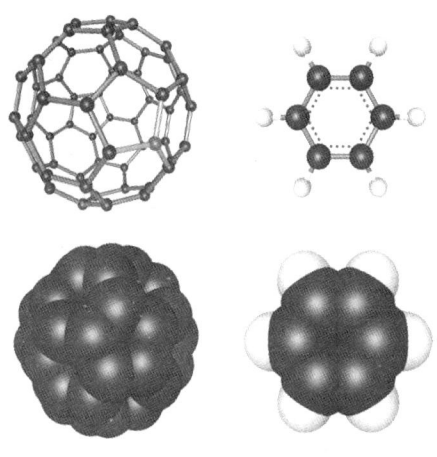

C60的示意图

芒……不仅如此，由碳元素组成的碳纳米管还拥有荧光等新的光学性质。

碳纳米管的性质和应用同样独领风骚。由于良好的机械特性、电学和力学等性能，碳纳米管在复合材料、纳米电子元件、化学生物传感器等方面成为另一种很有前途的纳米材料。例如，中科院物理所合成的挑战理论极限的世界上最细的纳米管（管径0.5纳米）在5开氏度（零下268.15℃）时就有超

五花八门的新材料

导特性。在生物医学领域，将生物分子如 DNA 连接到管子上可以做生物传感器或起到运输、传递药物的作用。金属富勒烯和碳纳米管的完美结合—纳米豌豆荚使半导体型纳米管分割成多个量子点，这种材料可以用于纳米电子或纳米光电子器件。

在中国，很多科学家在碳纳米领域都做出了卓越的成绩，这些醉心于碳纳米世界的人，既是科学家，又是艺术家，还是魔术师，不仅让我们从一个全新的角度认识世界，而且为我们创造一个五彩缤纷的新天地。

纳米银

纳米银，是利用前沿纳米技术将银纳米化，纳米技术出现，使银在纳米状态下的杀菌能力产生了质的飞跃，极少的纳米银可产生强大的杀菌作用，可在数分钟内杀死 650 多种细菌，广谱杀菌且无任何的耐药性，能够促进伤口的愈合、细胞的生长及受损细胞的修复，无任何毒性反应，对皮肤也未发现任何刺激反应，这给广泛应用纳米银来抗菌开辟了广阔的前景，是最新一代的天然抗菌剂。值得一提的是，该产品遇水抗菌效果愈发增强，更利于疾病的治疗。这种纳米银抗菌微粉还可广泛应用于环境保护、纺织服饰、水果保鲜、食品卫生等领域。

绝缘材料

绝缘材料是电阻率为 $10^9 \sim 10^{22}$ 欧姆·厘米的物质所构成的材料在电工技术上称为绝缘材料，又称电介质。简单地说就是使带电体与其他部分隔离的材料。绝缘材料对直流电流有非常大的阻力，在直流电压作用下，除了有极微小的表面泄漏电流外，实际上几乎是不导电的，而对于交流电流则有电容电流通过，但也认为是不导电的。绝缘材料的电阻率越大，绝缘性能越好。

20 世纪 30 年代以来，人工合成绝缘材料得到了迅速发展，主要有缩醛树脂、氯丁橡胶、聚氯乙烯、丁苯橡胶、聚酰胺、三聚氰胺、聚乙烯及性能优

绝缘材料亦称电介质

异称之为塑料王的聚四氟乙烯等。这些合成材料的出现，对电工技术的发展起了重大作用。如缩醛漆包线用于电机，使其工作温度和可靠性提高，而电机的体积和重量大大降低。玻璃纤维及其编织带的研制成功及有机硅树脂的合成又为电机绝缘增加了 H 级这个耐热等级。

20 世纪 40 年代以后，不饱和聚酯、环氧树脂问世。粉云母纸的出现使人们摆脱了片云母资源匮乏的困境。

20 世纪 50 年代以来，合成树脂为基的新材料得到了广泛应用，如不饱和聚酯和环氧等绝缘胶可供高压电机线圈浸渍用。聚酯系列产品在电机槽衬绝缘、漆包线及浸渍漆中使用，发展了 E 级和 B 级低压电机绝缘，使电机的体积和重量进一步下降。六氟化硫开始用于高压电器，并使之向大容量、小型化发展。断路器的空气绝缘及变压器的油和纸绝缘部分的被六氟化硫所取代。

20 世纪 60 年代，含杂环和芳环的耐热树脂得到了大发展，如聚酰亚胺、聚芳酰胺、聚芳砜、聚苯硫醚等属 H 级及更高耐热等级的材料。这些耐热材料的合成为以后发展 F 级、H 级电机创造了有利条件。聚丙烯薄膜在这一时期也成功地用于电力电容器。

20 世纪 70 年代以来，新材料的开发研究相对比较少，这一时期主要是对现有材料进行各种改性及扩大应用范围。对矿物绝缘油采用新方法精制以降低其损耗；环氧云母绝缘在提高其机械性能和实现无气隙以提高其电性能方面做了很多改进。电力电容器由纸膜复合结构向全膜结构过渡。1 000 千伏级特高压电力电缆开始研究用合成纸绝缘取代传统的天然纤维纸。无公害绝缘材料自 20 世纪 70 年代以来也发展很快，如以无毒介质异丙基联苯、酯类油取代有毒介质氯化联苯，无溶剂漆的扩大应用等。随着家用电器的普及，其绝缘材料着火而导致重大火灾事故屡有发生，所以对阻燃材料的研究引起了重视。

绝缘材料的研制和开发的水平是影响制约电工技术发展的关键之一。从

五花八门的新材料

今后趋势来看,要求发展耐高压、耐热绝缘、无溶剂、无公害绝缘、复合绝缘、耐腐蚀、耐水、耐油、耐深冷、耐辐射及阻燃材料,发展节能材料。重点是发展用于高压大容量发电机的环氧云母绝缘体系;中小型电机用的F,H级绝缘系列;高压输变电设备用的六氟化硫气态介质;取代氯化联苯的新型无毒合成介质;高性能绝缘油;合成纸复合绝缘;阻燃性橡塑材料和表面防护材料等,同时要积极加速传统电工设备用绝缘材料的更新换代。

超导材料

1911年,荷兰物理学家昂尼斯(1853~1926)发现,水银的电阻率并不像预料的那样随温度降低逐渐减小,而是当温度降到4.15开附近时,水银的电阻突然降到零。某些金属、合金和化合物,在温度降到绝对零度附近某一特定温度时,它们的电阻率突然减小到无法测量的现象叫做超导现象,能够发生超导现象的物质叫做超导体。超导体由正常态转变为超导态的温度称为这种物质的转变温度(或临界温度)。现已发现大多数金属元素以及数以千计的合金、化合物都在不同条件下显示出超导性。如钨的转变温度为0.012开,锌为0.75开,铝为1.196开,铅为7.193开。

超导体得天独厚的特性,使它可能在各种领域得到广泛的应用。但由于早期的超导体存在于液氦极低温度条件下,极大地限制了超导材料的应用。人们一直在探索高温超导体,1911~1986年,75年间从水银的4.2开提高到铌三锗的23.22开,才提高了19开。

电阻为零的材料——超导材料

1986年,高温超导体的研究取得了重大的突破,掀起了以研究金属氧化物陶瓷材料为对象,以寻找高临界温度超导体为目标的"超导热"。全世界有260多个实验小组参加了这场竞赛。

1986年1月,美国国际商用机器公司设在瑞士苏黎世实验室的科学家柏诺兹和缪勒首先发现钡镧铜氧化物是高温超导体,将超导温度提高到30开;紧接着,日本东京大学工学部又将超导温度提高到37开;12月30日,美国休斯敦大学宣布,美籍华裔科学家朱经武又将超导温度提高到40.2开。

1987年1月初,日本川崎国立分子研究所将超导温度提高到43开;不久日本综合电子研究所又将超导温度提高到46开和53开;中国科学院物理研究所由赵忠贤、陈立泉领导的研究组,获得了48.6开的锶镧铜氧系超导体,并看到这类物质有在70开发生转变的迹象;2月15日美国报道朱经武、吴茂昆获得了98开超导体;2月20日,中国也宣布发现100开以上超导体;3月3日,日本宣布发现123开超导体;3月12日中国北京大学成功地用液氮进行超导磁悬浮实验;3月27日美国华裔科学家又发现在氧化物超导材料中有转变温度为240开的超导迹象。高温超导体的巨大突破,以液态氮代替液态氦作超导制冷剂获得超导体,使超导技术走向大规模开发应用。氮是空气的主要成分,液氮制冷机的效率比液氦至少高10倍,所以液氮的价格实际仅相当于液氦的1/100。液氮制冷设备简单,因此,现有的高温超导体虽然还必须用液氮冷却,但却被认为是20世纪科学上最伟大的发现之一。

那么,什么是超导材料呢?具有在一定的低温条件下呈现出电阻等于零以及排斥磁力线的性质的材料。现已发现有28种元素和几千种合金和化合物可以成为超导体。

超导材料和常规导电材料的性能有很大的不同,主要有以下性能:

(1)零电阻性:超导材料处于超导态时电阻为零,能够无损耗地传输电能。如果用磁场在超导环中引发感生电流,这一电流可以毫不衰减地维持下去。这种"持续电流"已多次在实验中观察到。

(2)完全抗磁性:超导材料处于超导态时,只要外加磁场不超过一定值,磁力线不能透入,超导材料内的磁场恒为零。

(3)约瑟夫森效应:两超导材料之间有一薄绝缘层(厚度约1纳米)而形成低电阻连接时,会有电子对穿过绝缘层形成电流,而绝缘层两侧没有电压,即绝缘层也成了超导体。当电流超过一定值后,绝缘层两侧出现电压 U(也可加一电压 U),同时,直流电流变成高频交流电,并向外辐射电磁波。这些特性构成了超导材料在科学技术领域越来越引人注目的各类应用的依据。

五花八门的新材料

超导材料的这些参量限定了应用材料的条件，因而寻找高参量的新型超导材料成了人们研究的重要课题。

到 20 世纪 80 年代，超导材料的应用主要有：①利用材料的超导电性可制作磁体，应用于电机、高能粒子加速器、磁悬浮运输、受控热核反应、储能等；可制作电力电缆，用于大容量输电（功率可达 10 000 兆伏安）；可制作通信电缆和天线，其性能优于常规材料。②利用材料的完全抗磁性可制作无摩擦陀螺仪和轴承。③利用约瑟夫森效应可制作一系列精密测量仪表以及辐射探测器、微波发生器、逻辑元件等。利用约瑟夫森结作计算机的逻辑和存储元件，其运算速度比高性能集成电路的快 10~20 倍，功耗只有 1/4。

超导薄膜

日本超导工学研究所制成了一种超薄型超导薄膜，它的厚度只有 35 埃。我们知道，埃是很小的长度单位。用我们熟悉的毫米作单位，1 埃只有亿分之一毫米。可见，35 埃厚的薄膜，其薄的程度同样使人难以想象。

这种材料的主要成分是铋、锶、钙和铜的氧化物，属于铋系列超导薄膜。以前铋系列超导薄膜中最薄的，其厚度都在 200 埃以上，这次研制成功的新薄膜的厚度，只有它的 1/3。

这种超薄型铋系列超导薄膜是用有机金属化学气相生成法制造的。这种薄膜的基板是氧化镁。在制造时，所要制造的超导薄膜就在这个基板上慢慢生成。研究人员小心翼翼，设法把薄膜生成的速度控制起来，让它始终保持在每 1 分钟增厚 3 埃的水平上，这样，大约经过 12 分钟后，薄膜的生长过程停止，这时，薄膜的厚度正好长到 35 埃。据说，由于这种有机金属化学气相生成法所进行的速度本身比较慢，所以研究人员容易控制薄膜的生成速度，所

含有有机超薄膜的电容器

以才能创造这种"擦边"的奇迹。

稀土材料

稀土就是化学元素周期表中镧系元素—镧（La）、铈（Ce）、镨（磷r）、钕（Nd）、钷（磷m）、钐（Sm）、铕（Eu）、钆（Gd）、铽（Tb）、镝（Dy）、钬（Ho）、铒（Er）、铥（Tm）、镱（Yb）、镥（Lu）以及与镧系的15个元素密切相关的两个元素—钪（Sc）和钇（Y）共17种元素，称为稀土元素。简称稀土。

稀土材料

稀土元素又称稀土金属。稀土金属已广泛应用于电子、石油化工、冶金、机械、能源、轻工、环境保护、农业等领域。

稀土元素在地壳中丰度并不稀少，只是分布极不均匀，主要集中在中国、美国、印度、前苏联、南非、澳大利亚、加拿大、埃及等几个国家。中国是世界稀土资源储量最大的国家，主要稀土矿有白云鄂博稀土矿、山东微山稀土矿、冕宁稀土矿等等。

稀土是关系到世界和平与国家安全的战略性金属。为什么"爱国者"导弹能比较轻易击毁"飞毛腿"导弹？这得益于前者精确制导系统的出色工作。其制导系统中使用了大约4千克的钐钴磁体和钕铁硼磁体用于电子束聚焦，钐、钕是稀土元素。

为什么M1坦克能做到先敌发现？因为该坦克所装备掺钕钇铝石榴石激光测距机，在晴朗的白天可以达到近4 000米的观瞄距离，而T－72的激光测距机能看到2 000米就算不错。而在夜间，加入稀土元素镧的夜视仪又成为伊拉克军队的梦魇。

至于F－22超音速巡航的功能，则因其强大的发动机以及轻而坚固的机

五花八门的新材料

身所赐,它们都大量使用稀土科技造就的特种材料。比如F119发动机叶片以及燃烧室使用了阻燃钛合金,这种钛合金的制造据说是使用了铼;而F-22的机身就更是用稀土强化的镁钛合金武装。否则,超音速巡航中,F119强大的动力足以摧毁它自己。

上述种种还只是窥豹一斑。事实上,凡称得上高技术的兵器几乎无一没有稀土的身影;更致命的是,稀土往往集中在使这些武器化腐朽为神奇的最关键部位。比如"爱国者"除了制导系统、弹体控制翼面等关键部位也是用稀土合金;一些先进坦克的装甲用稀土材料后,防弹性能更好;还有美国那些掌控战场形势的"千里眼"、"顺风耳"中用稀土科技造就的大功率行波管,这使得其工作更可靠,抗干扰性更强……

简单说,相比传统兵器,高技术兵器的优点在于其更方便、更灵敏、更准确、更容易操纵。这些提起来容易,但却集中体现了当今材料科学、电子科学以及工程制造的诸多最高成就。而这些成就的获得,往往是源于稀土的某些特殊功能的发现和应用。

稀土有工业"维生素"之称,由于其具有优良的光电磁等物理特性,能与其他材料组成性能各异、品种繁多的新型材料,其最显著的功能就是大幅度提高其他产品的质量和性能。比如大幅度提高用于制造坦克、飞机、导弹的钢材、铝合金、镁合金、钛合金的战术性能。而且,稀土同样是电子、激光、核工业、超导等诸多高科技的润滑剂。稀土科技一旦用于军事,必然带来军事科技的跃升。从一定意义上说,美军在冷战后几次局部战争中压倒性控制以及能够对敌人肆无忌惮地公开杀戮,正缘于稀土科技领域的超人一等。

中国稀土占据着几个世界第一:储量占世界总储量的第一,尤其是在军事领域拥有重要意义且相对短缺的中重稀土;生产规模第一,2005年中国稀土产量占全世界的96%;出口量世界第一,中国产量的60%用于出口,出口量占国际贸易的63%以上,而且中国是世界上惟一大量供应不同等级、不同品种稀土产品的国家。可以说,中国是在敞开了门不计成本地向世界供应。据国家发改委的报告,中国的稀土冶炼分离年生产能力20万吨,超过世界年需求量的1倍。而中国的大方造就了一些国家的贪婪。以制造业和电子工业起家的日本、韩国自身资源短缺,对稀土的依赖不言而喻。中国出口量的近70%都去了这两个国家。至于稀土储量世界第二的美国,早早便封存了国内最大的稀土矿芒廷帕斯矿,钼的生产也已停止,转向每年从我国大量进口。

西欧国家储量本就不多，就更加珍爱本国稀土资源，也是我国稀土重要用户。

镧

镧元素名来源于希腊文，原意是"隐蔽"。1839年瑞典化学家莫桑德尔从粗硝酸铈中发现镧，并确认是一种新元素。镧在潮湿空气中迅速失去光泽，生成无色化合物，它存在于稀土矿中，通常把它归在稀土族内，是稀土元素中含量最丰富的一个。

镧存在于独居石沙和氟碳铈镧矿中。易溶于稀酸。镧为可锻压、可延展的银白色金属，质软可用刀切割；熔点921°C，沸点3457°C。镧化学性质活泼，在干燥空气中迅速变暗，在冷水中缓慢腐蚀，热水中加快；镧可直接与碳、氮、硼、硒、硅、磷、硫、卤素等反应；镧的化合物呈反磁性。高纯氧化镧可用于制造精密透镜；镧镍合金可做储氢材料，六硼化镧广泛用作大功率电子发射阴极。

磁性材料

我们把顺磁性物质和抗磁性物质称为弱磁性物质，把铁磁性物质称为强磁性物质。通常所说的磁性材料是指强磁性物质。磁性材料按磁化后去磁的难易可分为软磁性材料和硬磁性材料。磁化后容易去掉磁性的物质叫软磁性材料，不容易去掉磁性的物质叫硬磁性材料。一般来讲，软磁性材料剩磁较小，硬磁性材料剩磁较大。

磁性材料按化学成分来分，常见的有两大类：金属磁性材料和铁氧体。铁氧体是以氧化铁为主要成分的磁性氧化物。软磁性材料的剩磁弱，容易去磁，适用于需要反复磁化的场合，可以用来制造半导体收音机的天线磁棒、录音机的磁头、电子计算机中的记忆元件以及变压器、交流发电机、电磁铁和各种高频元件的铁芯等。

常见的金属软磁性材料有软铁、硅钢、镍铁合金等，常见的软磁铁氧体

五花八门的新材料

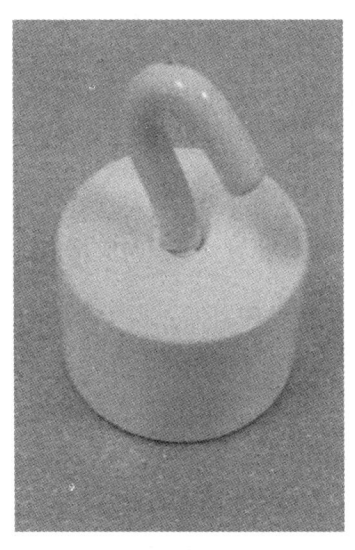

奇特的磁性材料

有锰锌铁氧体、镍锌铁氧体等。硬磁性材料的剩磁强,而且不易退磁,适合制成永磁铁,应用在磁电式仪表、扬声器、话筒、永磁电机等电器设备中。常见的金属硬磁性材料有碳钢、钨钢、铝镍钴合金等,常见的硬磁铁氧体为钡铁氧体和锯铁氧体。

随着社会的进步,磁性材料和我们日常生活的关系也越来越紧密。录音机上用的磁带、录像机上用的录像带、电子计算机上用的磁盘、储蓄用的信用卡等,都含有磁性材料。这些磁性材料称为磁记录材料。靠着磁记录材料,我们可以在磁带、录像带、磁盘上保存大量的信息,并在需要的时候"读"出这些信息。磁记录材料在20世纪70年代以前采用磁性氧化物。1978年合金磁粉研制成功之后,开始采用金属磁性材料,从而大大提高了磁记录的性能。现在人们又在使用金属薄膜作磁记录磁性材料。磁记录技术又得到了进一步的提高。

铁氧体

铁氧体是一种非金属磁性材料,又叫铁淦氧。它是由三氧化二铁和一种或几种其他金属氧化物配制烧结而成。铁氧体有硬磁、软磁、矩磁、旋磁和压磁五类。性质属于半导体,通常作为磁性介质应用,铁氧体磁性材料与金属或合金磁性材料之间最重要的区别在于导电性。就电特性来说,其电阻率比金属、合金磁性材料大得多,而且还有较高的介电性能。铁氧体的磁性能还表现在高频时具有较高的磁导率。因而,铁氧体已成为高频弱电领域用途广泛的非金属磁性材料。由于铁氧体单位体积中储存的磁能较低,饱和磁化强度也较低,因而限制了它在要求较高磁能密度的低频强电和大功率领域的应用。

新型塑料

塑料技术的发展日新月异,针对全新应用的新材料开发,针对已有材料市场的性能完善以及针对特殊应用的性能提高,可谓新材料开发与应用创新的几个重要方向。

生物塑料

日本电气公司新开发出以植物为原料的生物塑料,其热传导率与不锈钢不相上下。该公司在以玉米为原料的聚乳酸树脂中混入长数毫米、直径0.01毫米的碳纤维和特殊的黏合剂,制得新型高热传导率的生物塑料。如果混入10%的碳纤维,生物塑料的热传导率与不锈钢不相上下;加入30%的碳纤维时,生物塑料的热传导率为不锈钢的2倍,密度只有不锈钢的1/5。

这种生物塑料除导热性能好外,还具有质量轻、易成型、对环境污染小等优点,可用于生产轻薄型的电脑、手机等电子产品的外框。

可变色塑料薄膜

英国南安普敦大学和德国达姆施塔特塑料研究所共同开发出一种可变色塑料薄膜。这种薄膜把天然光学效果和人造光学效果结合在一起,实际上是让物体精确改变颜色的一种新途径。这种可变色塑料薄膜为塑料蛋白石薄膜,是由在三维空间叠起来的塑料小球组成的,在塑料小球中间还包含微小的碳纳米粒子,从而光不只是在塑料小球和周围物质之间的边缘区反射,而且也在填在这些塑料小球之间的碳纳米粒子表面反射,这就大大加深了薄膜的颜色。只要控制塑料小球的体积,就能产生只散射某些光谱频率的光物质。

塑料血液

英国设菲尔德大学的研究人员开发出一种人造"塑料血",外形就像浓稠的糨糊,只要将其溶于水后就可以给病人输血,可作为急救过程中的血液替代品。这种新型人造血由塑料分子构成,一块人造血中有数百万个塑料分子,这些分子的大小和形状都与血红蛋白分子类似,还可携带铁原子,像血红蛋白那样把氧输送到全身。由于制造原料是塑料，因此这种人造血轻便易带，不需要冷藏保存，使用有效期长、工作效率比真正的人造血还高，而且造价较低。

防弹塑料

墨西哥的一个科研小组最近研制出一种新型防弹塑料，它可用来制作防弹玻璃和防弹服，质量只有传统材料的 1/7~1/5。这是一种经过特殊加工的塑料物质，与正常结构的塑料相比，具有超强的防弹性。试验表明，这种新型塑料可以抵御直径 22 毫米的子弹。通常的防弹材料在被子弹击中后会出现受损变形，无法继续使用。这种新型材料受到子弹冲击后，虽然暂时也会变形，但很快就会恢复原状并可继续使用。此外，这种新材料可以将子弹的冲击力平均分配，从而减少对人体的伤害。

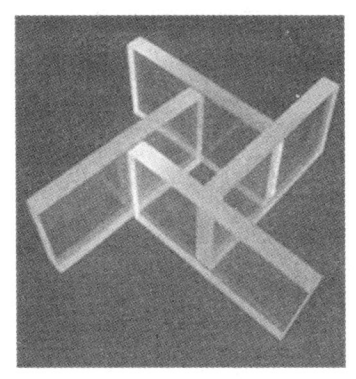

新型防弹塑料制成的产品

可降低汽车噪音的塑料

近日，美国聚合物集团公司（PGI）采用可再生的聚丙烯和聚对苯二甲酸乙二醇酯制造成一种新型基础材料，应用于可模塑汽车零部件，可降低噪音。该种材料主要应用于车身和轮舱衬垫，产生一个屏障层，能吸收汽车车厢内的声音并且减少噪音，减少幅度为 25%~30%，PGI 公司开发了一种特殊的一步法生产工艺，将再生材料和没有经过处理的材料有机结合在一起，通过层叠法和针刺法使得两种材料成为一个整体。

压电塑料

压电塑料是一种含碳原子的聚合物，叫二氟化聚乙二烯。制造的时候，是把它压成板片，夹在正负电极之间，放在强电场中就成了。就像吸了水的海绵似的：挤它，水被挤出；放开它，它又把水吸回，只不过压电塑料被挤出和吸回的是电流而不是水。

过去，人们对它可谓大材小用，以为它只能抗太阳紫外线辐射，用它作永久性防护塑料。现在，人们了解了它的性质以后，它可是身价百倍了。能在每秒钟探测出几千个粉尘微粒，质量小于 10～12 克，时速高达 17 万英里的小东西也逃不过它的眼睛。可以把它用在机器人的触觉上，也可以用于爆破监测等各方面。

土豆皮制塑料袋

土豆，即马铃薯，既可当主食，又可以做菜。但不论作主食还是作副食，都要去皮。由于世界各国许多人每年要食用很多土豆，因此也就产生了很多土豆皮。过去，土豆皮没什么用处，只能当垃圾扔掉，而在城市里，垃圾很多，常常堆积如山，令人头疼，不得不花费很大的财力、人力去处理。

塑料薄膜，人们经常要用它，且不说农村中地膜覆盖、塑料大棚要用塑料薄膜，就说城市里用塑料薄膜的时候也很多，如塑料包装、塑料袋等等。这些薄厚不等的塑料大多是用聚氯乙烯或聚乙烯做的，在用完以后，塑料薄膜就成了废物被扔掉，进入垃圾大军。由于这些塑料在变成废物之后很不容易降解，因此，垃圾中的废塑料又成了垃圾处理中的捣蛋鬼，得把它们专门挑出来，单独处理。

如果能用土豆皮制成塑料，这种塑料制成的包装袋或购物袋在用完之后又很容易降解，很容易处理，那该多好！

现在，这种设想已经成为现实。

最近，美国芝加哥大学的科技人员已研制成功一种用土豆皮制成的塑料。过去，要制取容易降解的塑料，只能采用一种费时费钱的方法从玉米淀粉中制取。要经过光和微生物的分解，要用乳酸。显然，要大量制造，是不合算的。现在，采用土豆皮来制取，即用含碳水化合物的垃圾材料来制取塑料，成本大大下降。只要这样制得的塑料在用的时候不容易破，用完以后又容易"腐烂"，那将会被广泛用作塑料薄膜，因为这种性质正是人们所期待的。因此，可以预言，它将有着广阔的发展前途。

超级塑料

有一种塑料叫艾伦。"艾伦"是一种新的聚芳酯材料，它具有比一般塑料更轻、更硬、更耐高温、更耐腐蚀和延展性更好的特点，称得上是当今超级

五花八门的新材料

塑料中的一支新秀。

艾伦已广泛应用于各行各业,它是制造在高温条件下运行的超级计算机中的印刷线路板的理想材料,还可用它代替易生锈的钢和硬度不足的铝来制造冰箱和微波炉的外壳。由于它具有高弹性,可以抵御碰撞,所以它还是制作汽车前部缓冲保险杠的极好材料。

超级塑料——艾伦

结晶型热塑性塑料

最近,英国研制出一种新型包装材料,既可用作农业上的包装袋,也可以在工业上应用。令人奇怪的是,用这种材料做的包装袋,当装上除草剂时,它很结实;而当装上农药,把这袋农药放入水缸时,过一会儿,包装袋就被溶化掉,只剩下稀释了的农药。

这是怎么回事呢?

原来,这种包装袋是用聚乙烯醇制成的。聚乙烯醇是一种结晶型热塑性塑料,在加热的情况下它具有可塑性,不加热时它是坚硬的。它还具有很好的抗拉强度、抗压强度、耐冲击性和耐摩擦性。用它做包装材料确实是很结实的。

但是,聚乙烯醇还有一个怪毛病,那就是怕水,它具有易溶于水的特点,而在有机溶剂中,它又很坚强。前面我们说的用这种塑料做的包装袋来装除草剂,虽然除草剂是液体的,但那不是水,而是有机溶剂,有机溶剂不能使聚乙烯醇溶化,所以,装除草剂的包装袋一直完好无损。当装有农药的包装袋放入水缸中以后,由于聚乙烯醇具有水溶性,所以包装袋很快就奇迹般地消失了。

虽然如此,聚乙烯醇也并不是像白糖那样放进水里就化掉,它的水溶性是可以调节的,如果在聚合时控制它的分子量在较低的水平,它就易溶于水。如果让它的分子量大一些,或者经过甘油增塑,制成所谓"标准型"聚乙烯醇,在冷水中就不易溶化。

当然，聚乙烯醇还溶于液氨。如果加热，还能溶于醋酸、甘油、苯等溶剂。它对于油类、脂肪和蜡等具有不渗透性，对于氧气、氮气和氦气等的透过率几乎等于零。根据这些性质，它被广泛用作包装薄膜、黏合剂和乳化剂。

"杀手塑料"

科学家们在实验中发现了一个奇怪的现象：在使用醋酸纤维塑料制作温室材料、浇水用的软管、盛水和栽培植物的器具时，植物就生长不好并在短时间内相继死去。如将这种塑料片放在养鱼池中，鱼很快就会被毒死。

这是怎么一回事呢？原来是在这种塑料中含有一种叫酞酸酯的物质在作怪，酞酸酯的蒸气被植物叶面吸收后，植物的细胞被破坏而死亡。因而这种塑料被誉为"杀手塑料"。酞酸酯在水中的溶解度很低，由于它不能被细菌破坏，因而可以积累到严重污染水的程度，使在水面进食的动物中毒死亡。酞酸酯还可经过多种途径进入人体，如用这种塑料膜包装猪肉和黄油，对人体是有害的，对此已引起人们的高度重视。

人工眼

现在，各种人造的人体器官日渐多起来，如人工骨、假肢、假牙等，还有的人安装了人工心脏，可多活一些时日。然而，研制人工眼却被人们视为畏途，因为人工眼必须能看见东西，否则，安上一只无视觉功能的人造眼也没多大劲。如果随着科学技术的发展，人类能造出人工眼来，使千千万万的双目失明者重见光明，那该有多好哇！

最近传来的消息，给盲人们带来一线希望。前不久，日本三菱公司研制成一种奇特的新型塑性膜，当光照到这种材料上的时候，它就显示出导电性能，光照的强度越大，它的导电性能也越高，当光照撤去的时候，仍然能保持记忆功能。

用这种塑性膜制成的可记忆数字的液晶显示器件，采用7块塑性膜拼成日字形显示单元，当光通过数字掩膜板投射后，可将液晶显示维持24小时以上。

有人预言，这种塑性膜制成的显示器，将来可望用于神经计算机或生物的视觉模拟，也有可能制成人工眼。

泡沫塑料

近几年来,中国的席梦思床到处都是。席梦思床睡上去柔软舒适,有弹性,很受消费者的钟爱。席梦思床的弹性来自床垫下的弹簧,那柔软舒适的感觉则来自泡沫塑料制作的海绵床垫。

泡沫塑料和其他泡沫材料类似,也是用发泡的方法使塑料中形成很多很多微小的气孔。气孔要求要多、要小、要比较均匀。发泡的方法有使用化学发泡剂的,也有使用物理方法发泡的。根据制作什么样的材料而定。

泡沫塑料的特点是比重小,具有隔音、隔热、绝缘等优点,对外来的冲击可产

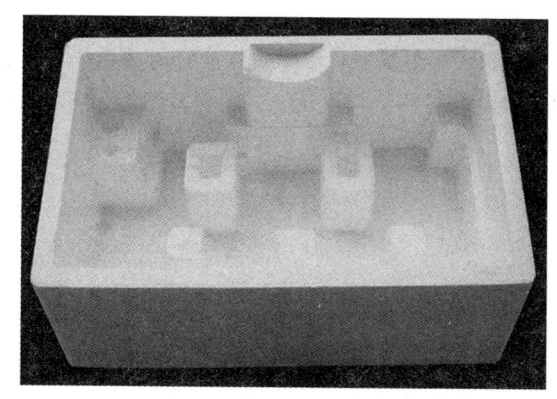

新型塑料——泡沫塑料

生缓冲作用,它被广泛用作包装运输材料填充在仪器设备的包装箱中,可以缓冲运输中受到的震动,保护仪器设备免受破损,在海水养殖中,浮力球就是泡沫塑料做的,在救生衣中,也用泡沫塑料。在工程建设中,特别是在房屋建设中,泡沫塑料是必不可少的隔音保温材料。高发泡的聚苯乙烯可用于金属铸造。开孔的泡沫塑料可作过滤材料,可制造清洗用具。低发泡的塑料在某些场合可代替木材作结构材料。当然,像做床垫的海绵材料,同样可以做鞋垫和仪器设备的包装运输材料。由此可见,泡沫塑料的用途是非常广泛的。

特种工程塑料 PPS

聚苯硫醚树脂(PPS)是一种综合性能优异的特种工程塑料。国外商品名称赖顿。它采用常规的熔融纺丝方法,然后在高温下进行后拉伸、卷曲和切

断制得。

PPS具有优良的耐高温、耐腐蚀、耐辐射、阻燃、均衡的物理机械性能和极好的尺寸稳定性以及优良的电性能等特点，被广泛用作结构性高分子材料，通过填充、改性后广泛用作特种工程塑料。同时，还可制成各种功能性的薄膜、涂层和复合材料，在电子电器、航空航天、汽车运输等领域获得成功应用。

PPS是工程塑料中耐热性最好的品种之一，热变形温度一般大于260度、抗化学性仅次于聚四氟乙烯，流动性仅次于尼龙。此外，它还具有成型收缩率小（约0.08%），吸水率低（约0.02%），防火性好、耐震动疲乏性好等优点。

吸波材料

现代战争，特别是现代电子战中，飞机、军舰、导弹和坦克等都能用隐身术保护自己，以取得战斗的胜利。就拿飞机来说，它的主要对手是被称为"千里眼"的雷达。雷达能发射一种电磁波，当这种电磁波与入侵的敌机相遇时，电磁波便会反射回来，被雷达所接收，从而得到敌机的方位、距离等数据。如果飞机能将雷达发射来的电磁波大部分吸收掉，而反射回去的很少，那么雷达就会变成"睁眼瞎"了。由此可知，隐形飞机并不是对人的眼睛来说的，而是对雷达等探测装置来说的，其目的是让敌方的雷达难以发现和找到，从而保护了自身的安全。

网状泡棉微波吸波材料

在1991年的海湾战争中，美国的F-117隐形战斗机以其高超的隐身本领大出风头，引人注目。这场战争的第一枚炸弹就是由一架这种飞机在漆黑之夜突袭到伊拉克首都巴格达市中心投下的，伊拉克的防空雷达压根儿就没发现，直到

五花八门的新材料

投弹45分钟后巴格达才实行灯火管制，可见其神出鬼没般的不凡身手了。此后，对巴格达的95%的空袭任务都是由F-117隐形战斗机完成的。它既能在茫茫黑夜中将激光制导炸弹投入到伊拉克防空司令部的烟囱中，又能将炸弹准确地投向海洋安放原油的油管。更使人惊奇的是，参加海湾战争的44架F-117隐形战斗机前后共执行1600架次空袭任务，本身却无一架飞机损失。这不能不归功于它出色的隐形本领。

隐形飞机能隐形的秘密，主要在于飞机上使用了能吸收雷达电磁波的隐形材料，因而人们也将隐形材料叫做"吸波材料"。被称为黑鸟的美国sR-71高空侦察机和u-2高空侦察机，就是因为在机身上涂了一种黑色的隐形材料，使它来去难以觅踪迹，有时竟在雷达的"眼皮"底下漏掉了。隐形飞机除了使用吸波材料和吸波涂层外，通常还将飞机外形设计成特殊的形状，以便将雷达的电磁波向四面八方反射掉，使敌方雷达难以接收到返回的电磁波。例如，F-117隐形战斗机的外形就很独特，像一个堆积起来的复杂多面体，大部分表面都往后倾斜，并具有大后掠机翼和v字形双垂尾。这种外形能使雷达波改变反射方向产生散射，结果敌方雷达就捕捉不到这些微弱的反射信号了。

在F-117隐形战斗机的机身、机翼和垂尾的结构中，采用了各种雷达吸波材料。通常，高分子材料的吸波和透波能力大大优于金属材料。因此，在这种飞机的结构中使用了许多玻璃纤维、碳纤维、芳纶纤维等高分子复合吸波材料。飞机的蒙皮也使用复合材料和导电塑料制成，避免使用钛合金和铝合金，以降低雷达波反射。通常，对飞机除了用雷达探测外，还利用红外探测器通过飞机发动机工作时放出的红外线来发现和捕捉飞机的踪迹，所以在飞机上还采用红外隐形技术，以提高飞机的隐形本领。例如，F-117隐形战斗机的发动机使用扁而宽的喷口，并在喷口装有红外挡板，改变喷口方向，以及在喷管周围加隔热层，降低排气温度，使飞机不易被敌方红外探测器发现。

现在常用的隐形材料，由导电材料或磁性材料与黏合剂制成。导电材料有碳粉、导电纤维和导电塑料等，它们能将电磁波转换成热能；磁性材料有陶瓷铁氧体、磁化粒子等，也能将电磁波变成热能，从而使雷达的电磁波大部分被吸收掉。

吸波材料在飞机上的应用不仅扩大到轰炸机和战斗机上，而且所占的比重越来越大。例如，在F-117隐形战斗机和B-2隐形战略轰炸机上，各种玻璃纤维、碳纤维复合材料、蜂窝和夹层结构、吸波薄板和吸波涂层的用量，已占全机结构重量的25%，而在下一代的隐形飞机上预计达到45%~50%。由此可见，隐形材料所具有的重要作用。

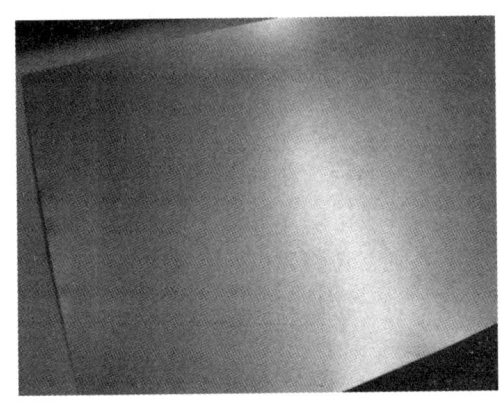

吸波材料成为材料科学的一大课题

随着现代科学技术的发展，电磁波辐射对环境的影响日益增大。在机场，飞机航班因电磁波干扰无法起飞而误点；在医院，移动电话常会干扰各种电子诊疗仪器的正常工作。因此，治理电磁污染，寻找一种能抵挡并削弱电磁波辐射的材料——吸波材料，已成为材料科学的一大课题。

所谓吸波材料，指能吸收投射到它表面的电磁波能量的一类材料。在工程应用上，除要求吸波材料在较宽频带内对电磁波具有高的吸收率外，还要求它具有质量轻、耐温、耐湿、抗腐蚀等性能。

早在第二次世界大战期间，美、英、德等国出于各自的军事目的，针对雷达电子侦察和反侦察，开始对电磁波吸收材料进行了大量探索性工作。美国于20世纪60年代开始把吸波材料应用于空军的F-14、F-15、F-18战斗机和F-117隐形飞机上。20世纪80年代以来，世界各国投巨资加大对吸波材料研究的力度。随着电信业务的迅速发展，吸波材料也被应用到通信、环保及人体防护等诸多领域。

将吸波材料应用于各类电子产品，如电视、音响、VCD机、电脑、游戏机、微波炉、移动电话中，可以使电磁波泄露降到国家卫生安全限值（10微瓦/平方厘米）以下，确保人体健康。将其应用于高功率雷达、微波医疗器、微波破碎机，能保护操作人员免受电磁波辐射的伤害。

五花八门的新材料

F-117隐形战斗机

F-117是美国前洛克希德公司研制的隐身攻击机。是世界上第一种可正式作战的隐身战斗机。设计始于70年代末,1981年6月15日试飞成功,次年8月23日开始向美国空军交付,共向空军交付59架。单机造价1.33亿美元。

F-117有一套整合精密导引和攻击系统的数位化飞航控制装置。为了降低电磁波的发散和雷达截面积,F-117没有配备雷达。导航系统主要由GPS和高精确性的惯性导航装置组成。自动任务规划系统可以协调所有的攻击任务,计划出攻击路线,并且自动执行,包含武器的释放。目标可借由红外线热影像仪确认,并利用激光测量距离和标定激光导引炸弹的目标。

F-117自装备部队以来参加了入侵巴拿马、海湾战争、科索沃战争、阿富汗战争、伊拉克战争等多次实战行动,战果显著。2008年退出现役,改由F-22与无人机取代。

太空材料

近几十年来,美国、前苏联和中国为将来在太空建立材料生产厂进行了大量实验,也取得了丰硕的研究成果。比如:我国在1987年和1988年发射的两颗返回式卫星,成功地在太空失重条件下进行了材料晶体生长和材料加工实验。特别是在空间材料加工炉中进行的半导体砷化镓单晶体的制备,获得了结构上完整、化学组分

新型太空材料有着很大的市场

比例均匀且无杂质条纹的砷化镓晶体。在1990年10月5日发射的另一颗返回式卫星上，又进行了砷化镓的生长试验。

我国的中学生在太空材料加工方面也进行了举世闻名的实验，为祖国争得了荣誉。1991年1月下旬，美国的"发现"号航天飞机搭载的两项由我国中学生设计的太空科学实验都取得了圆满成功，其中一项由原沈阳107中学田春亮同学设计的装置就是太空材料熔炼实验装置，该装置使伍德合金（一种由铋达50%的铋铅锡镉合金，熔点只有70 ℃）和石蜡在失重状态下实现了液态熔合，证明失重状态与地面有重力条件下的实验结果截然不同。

1991年1月美国还在"发现"号上进行多种失重状态下制取材料的实验，如"玻璃溶液中气泡的分布""铅锡合金的熔化和凝固""低熔点材料的混合"等试验。1992年1月22日，美国"发现"号再次升空，施放了一个国际微重力（所谓微重力状态通常就是指失重状态）太空实验站，进行了由13个国家200名科学家参与的14项重大材料试验和33项生命科学试验。

1992年6月，美国"哥伦比亚"号航天飞机发射升空后，也在进行材料科学和生命科学研究，为将来人类在太空进行材料生产和加工积累科学资料。前苏联在太空材料实验方面投入了更大的力量。

从1988年，前苏联和现在的俄罗斯还发射了"光子"系列卫星，用来研究太空工艺技术．这种卫星上装有各种工艺设备，例如"区域熔炼"装置就是其中之一，这种装置慢慢下降，由于处于失重状态下，在磁场中的钨并不随着下降，而是悬浮在空中。这时，用激光或电子束射向钨块，使钨加热直到熔化，只见钨块由圆柱体状态变成了一个液体小球，并发出耀眼的光辉，宛如悬在空中的一个小太阳。当电子束停止对钨照射后，钨自行冷却形成一种太空新产品——球形单晶钨。这种球非常圆，比滚珠还要圆，这是在钨成液体时它的内聚力和表面张力所起的神奇作用。这和小朋友吹出的肥皂泡必定是圆的道理是一样的。而且这种球形单晶钨比坩埚熔炼后得到的单晶钨纯度高得多，因为它熔化后不接触任何坩埚一类的容器，不会受外来材料的污染。

此外，在太空可以用电泳法提取在地面上无法提取的疫苗和干扰素，从而有可能找到新的预防疾病和治疗疾病的药品。

我国古代神话中，有一个太上老君在天上为玉皇大帝和王母娘娘等众神仙用八卦炉炼长生不老丹的故事，这当然是一种幻想。但今后，我们地球人

五花八门的新材料

到天上去生产在地面上无法生产的特殊药品,使人延年益寿则是完全可能的。比如,有一种叫骨胶原的物质,可用于人造皮肤或人造膜治疗烧伤病人,也可以用于心血管手术和整形手术,但骨胶原通常要从人体组织中提取,然后复制,而在地面上复制骨胶原极为困难,因为有重力作用,它的蛋白质纤维容易固化,使骨胶原形成不均匀的组织。在太空失

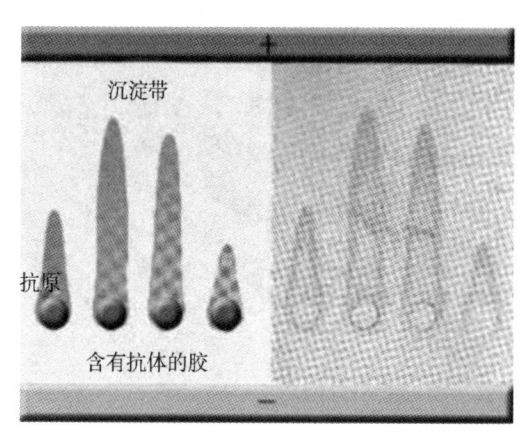

电泳法——从衰老的细胞中分离年轻的细胞

重条件下,由于重力极微弱,因此很容易制造出质量极好的骨胶原。美国的巴蒂尔实验室据说正在进行骨胶原的太空生产实验。他们预计,在太空制取的骨胶原因为质量优良,其价值可达到每磅10万～100万美元。

科学家们在太空取得大量实验资料后,将在太空建造"材料和药品生产基地",这个基地将是"太空城"的一部分。现在,美国已开始设计规模庞大的太空城。到21世纪,太空城将有可供上万人居住的住宅。到那时,太空材料生产和制药工业的规模将与日俱增,许多地面上难以生产的疫苗,在地面上难以提纯的人体细胞和蛋白、蛋白质等等都有可能生产出来。到那时,地球上一些得了不治之症,甚至宣判为"不久人世"的人,也可能从太空制药厂取来"灵丹妙药",使之起死回生。

信息材料

信息材料属于功能材料,是为实现信息探测、传输、存储、显示和处理等功能使用的材料。按功能分,信息材料主要有以下几类:

(1)信息探测材料对电、磁、光、声、热辐射、压力变化或化学物质敏感的材料属于此类,可用来制成传感器,用于各种探测系统,如电磁敏感材料、光敏材料、压电材料等。这些材料有陶瓷、半导体和有机高分子化合物

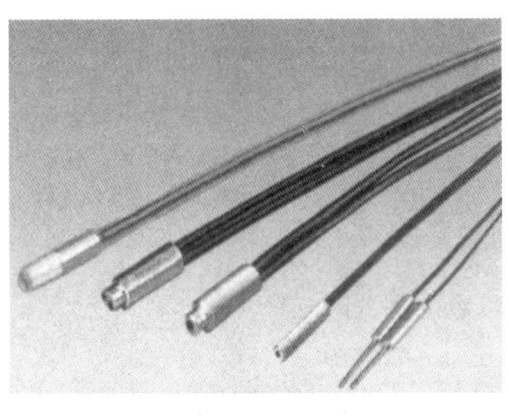

光导纤维的图像

等多种。

(2) 信息传输材料主要是光导纤维,简称光纤。它重量轻、占空间小、抗电磁干扰、通信保密性强,可以制成光缆以取代电缆,是一种很有发展前途的信息传输材料。

(3) 信息存储材料包括:磁存储材料,主要是金属磁粉和钡铁氧体磁粉,用于计算机存储;光存储材料,有磁光记录材料、相变光盘材料等,用于外存;铁电介质存储材料,用于动态随机存取存储器;半导体动态存储材料,目前以硅为主,用于内存。

(4) 信息处理材料是制造信息处理器件如晶体管和集成电路的材料。目前使用最多的是硅。砷化镓也是一种重要的信息处理材料。

电子信息材料是指在微电子、光电子技术和新型元器件基础产品领域中所用的材料,主要包括以单晶硅为代表的半导体微电子材料、以激光晶体为代表的光电子材料、以介质陶瓷和热敏陶瓷为代表的电子陶瓷材料、以钕铁硼(Nd铁B)永磁材料为代表的磁性材料;光纤通信材料;磁存储和光盘存储为主的数据存储材料、压电晶体与薄膜材料、以储氢材料和锂离子嵌入材料为代表的绿色电池材料等。这些基础材料及其产品支撑着通信、计算机、信息家电与网络技术等现代信息产业的发展。

电子信息材料的总体发展趋势是向着大尺寸、高均匀性、高完整性以及薄膜化、多功能化和集成化方向发展。当前的研究热点和技术前沿包括以柔性晶体管、光子晶体等宽带半导体材料为代表的第三代半导体材料,有机显示材料以及各种纳米电子材料等。

电子纸

约2000年前,中国东汉人蔡伦发明了造纸术,从此世界文明发生了翻天覆地的变化,中国文明借此曾领先世界1 000余年。今天,电子纸技术又将给

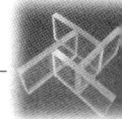

人们的生活带来一场怎样的变革呢？

电子纸技术实际上是一类技术的统称。一般把可以实现像纸一样阅读舒适、超薄轻便、可弯曲、超低耗电的显示技术叫做电子纸技术；而电子纸即是这样一种类似纸张的电子显示器，其兼有纸的优点（如视觉感观几乎完全和纸一样等），又可以像我们常见的液晶显示器一样不断转换刷新显示内容，并且比液晶显示器省电得多。电子纸显示长期以来一直是停留在人们头脑中的幻想，但是随着20世纪末以来显示技术方面一系列突破性进展，革命性的电子纸显示技术终于开始走向大众实用阶段。

电子纸的用途相当广泛，第一代产品用于代替常规显示设备，第二代产品包括移动通讯和PDA等手持设备显示屏，计划开发的下一代产品定位在超薄型显示器，形成与印刷业有关的应用领域，例如便携式电子书、电子报纸和IC卡等，能提供与传统书刊类似的阅读功能和使用属性。长期以来，纸张一直用作信息交换的主要媒介，但图文内容一旦印在纸

超薄的电子纸

张上后就不能改变，成为油墨、纸张复制工艺的最大缺点，不能满足现代社会信息快速更新对复制工艺的要求。因此，开发能动态改变的高分辨率显示技术成为人们追逐的目标，要求显示材料很薄，可弯曲，表面结构与纸张类似，从而有条件成为新一代纸张。

高新的电子墨水

电子墨水就属于电子纸科技中的一种。

电子墨水其实是一种新型材料，它是化学、物理学和电子学多学科发展的产物，这种材料可被印刷到任何材料的表面来显示文字或图像信息。

由于电子墨水是一种液态材料，所以被形象地称为电子墨"水"。在这种液态材料中悬浮着成百上千个与人类发丝直径差不多大小的微囊体，每个微囊体由正电荷粒子和负电荷粒子组成。只要采取一定的工艺就能将这种电子墨水印刷到玻璃、纤维甚至是纸介质的表面上，当然这些承载电子墨水的载体也需要经过特殊的处理，在其内针对每个像素构造一个简单的像素控制电路，这样才能使电子墨水显示我们需要的图像和文字。

但如果电子墨水仅具有可显示这一特性还远远不够，对于一款希望取代纸介质的电子显示设备而言，它必须具有可读性及便携性。

液晶

1888年，奥地利科学家F·赖尼策尔就发现了液晶这种奇特的物质。说它奇特，是因为它不像普通物质直接由固态晶体熔化成液体，而是经过一个既像晶体又似液体的中间状态，同时它还具有液体和晶体的某些性质，所以人们给它起了个形象的名字——液晶。

液晶的电脑显示器

液晶的最大特点是，既具有液体的流动性，又具有晶体的各向异性。当液晶的温度上升到一定值后，它就成为普通的透明液体，可以自由流动；而当温度降低到液晶的下限温度后，液晶又变为普通晶体，失去流动性。在这一转变过程中，有时还伴随着颜色和色调的变化，这就给液晶显露才华提供了舞台。

液晶问世后，由于当时科学技术水平的限制，这种材料并未受到应有的重视。直到20世纪60年代，它才有了用武之地，开始在电子表和计算器等许多方面大显身手。

1968年，人们发现液晶对光、磁、电、温度等都非常敏感，即使这些外界作用因素很微弱，也能使液晶发生相应的变化。

光控开关效应是指液晶具有像电门开关那样能控制光线从自身通过的本

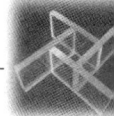

五花八门的新材料

领。如果将液晶夹在两个透明电极板之间,并在电极板下面放有用灯光照射的数字表格。当在透明电极板上接通电路时,电极板下面的一部分光便不能通过,原来有数字部分就会变黑,数字就看不见了;若取掉电压,电极板下面的数字又会显示出来。这也就是电子计算器能显示数字的秘密所在。

液晶为什么能控制光线通过呢?原来液晶的分子沿一定方向有秩序的排列着,当有电压作用时,就会改变排列方向,引起光线传播方向的改变,阻挡了光线的通过。人们利用液晶的这种特长,制成了各种数字和图像的显示装置。

液晶的显示本领主要用于电子器件的显示上,如电子表、计算器、电视机监控盘、汽车仪表盘的液晶显示器、打印装置的液晶快门和温度计的液晶传感器。这种电光液晶显示器是由贴有透明电极的两片玻璃基板,中间填充液晶组成的。液晶只要受少量的电能的激发,就会发出光来。电子表和计算器的每个数是由 7 条液晶显示器拼成 8 字形,它随着接点的变化显示出 0~9 的数字。

如果将电极板改为矩阵式电极,就可以在平面上显示出图像。由于液晶显示器都是很薄的器件,不像电视显像管那样要求电子枪保持较大的发射距离,因而可制成很薄的、图像清晰的电视机。一种超薄型可以像画一样挂在墙上的液晶彩色电视机已经问世,它的最小屏幕只有 12 平方厘米,而最大的屏幕达 2 平方米,但液晶显示器的厚度仅 2.5 毫米,真可说是技艺非凡了。

此外,还可以利用液晶显示器显示出的明暗制作快门。用这种快门组合成电子计算机打印输出的印刷头,具有动作快、分辨力强的特点,从信号发生到消失仅需 1/1 000 秒钟。

利用液晶对光、磁、电、热等都非常敏感的特点,可制成各种液晶传感器。例如,将液晶吸收的光波转换成颜色、温度和压力的变化,制成温度传感器、压力传感器和气敏传感器等。已投入市场销售的新型液晶体温计,比常用的水银体温计好用得多,特别受到儿童们的喜爱。这种体温计是将少量液晶包上一层透明胶质,形成很多的微胶囊,把它们混在油墨里,然后将这种油墨涂在一条塑料带上,就成了能显示温度的液晶带。它有从 36 ℃ ~40 ℃ 的 5 个色标读数,只要把液晶带往患者的脑门一贴,就能很快显示出病人的体温,既简便又快捷。人体各部位的温度实际上是不相同的,但由于温度相差很少,普通的体温计和仪器很难测出来,而液晶体温计却可以毫无遗漏的反映出来。它在升温过程中,液晶的颜色从红色开始,然后逐渐变为绿色、蓝色……最后为紫色。

作为温度传感器,除了制作体温计外,它还有许多特殊的用场。例如,在工厂车间里的加热器上贴上液晶标志,当加热器的外壁温度超过限度时,液晶标志就会显示出"当心烫手"的字样,提醒人们注意。又如,当气温下降、道路结冰时,贴在路旁的液晶路标也会提醒骑车和驾车人员"注意安全"。

通常,微波、红外线、液体和气体的流量和流速的变化,也能引起温度的微弱变化,这些变化也可利用液晶探测器显示出来。另外,人们还制成了一种恒温器液晶开关,它在 $-30\ ℃\sim150\ ℃$ 的温度范围内的控制准确度为 $0.1\ ℃$,因而可最大限度地减少恒温器的温度偏差。

液晶在工业生产上可用来进行无损探伤。只要将液晶材料涂在被检验的零件或材料表面,然后将零件或材料加热或冷却,液晶便会显示出不同颜色,从而可直观地探测出零件或材料的裂缝或缺陷。这种方法特别适合于对飞机、导弹和宇宙飞船等的检查。

液晶的分子排列虽然不像固体结晶那样有序,但也不是像液体那样无序,而是按一定的方向排列着。如果将液晶这种高分子聚合物纺成丝或注射成型,其分子将进一步排定方向,这种分子的排向,一旦冷却即被固定下来,从而可获得性能非凡的纤维、薄膜和塑料制品。例如,性能优异的凯芙拉纤维就是这种液晶产品的典型代表。

凯芙拉纤维的性能赛过钢铁和合金,被人们称为"梦的纤维"。这种液晶纤维的强度是钢的 5 倍,铝的 10 倍,玻璃纤维的 3 倍,能在 $-196\ ℃\sim182\ ℃$ 连续使用。它主要用作飞机的结构材料、轮胎帘子线、船体、运动器具、防护服装、缆绳等。例如,美国波音飞机公司的 767 型客机采用了 3 吨凯芙拉纤维与石

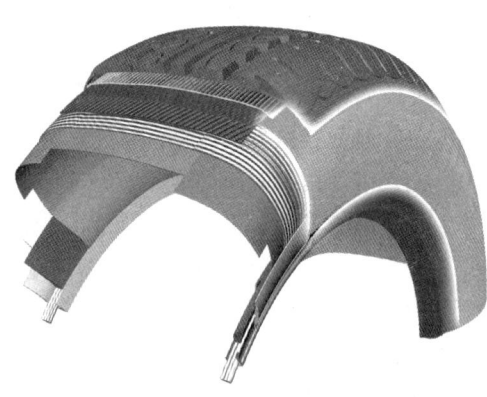

采用凯芙拉纤维制成的汽车轮胎

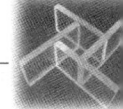

五花八门的新材料

墨纤维混杂的复合材料,使机身重量减轻了1吨,与波音727飞机相比,燃料消耗节省30%。用凯芙拉纤维增强的传送皮带、进料胶管等,比强度相同的钢丝增强材料轻得多,而且厚度薄,不受腐蚀,还具有不可燃、使用安全的特点。以凯芙拉纤维制成的系船缆绳用在液化石油气油船上,不会像钢丝绳那样容易引起火花,从而可避免引起火灾和爆炸的危险,使用安全可靠。

凯芙拉纤维还是目前制作天线塔拉索和支撑用的最理想的材料,因为它不导电也无磁性,意味着它不需要绝缘及专门的天线固定位置;它的强度高和延伸性小,所以能减少塔的偏斜,而且操作和安装都比较容易。法国在蒙得利尔的大型体育馆就使用了凯芙拉涂层织物及凯芙拉绳等,获得了预想的使用效果。

光子晶体

光子晶体即光子禁带材料,从材料结构上看,光子晶体是一类在光学尺度上具有周期性介电结构的人工设计和制造的晶体。

能带与能带之间出现带隙,即光子带隙。所具能量处在光子带隙内的光子,不能进入该晶体。光子晶体和半导体在基本模型和研究思路上有许多相似之处,原则上人们可以通过设计和制造光子晶体及其器件,达到控制光子运动的目的。光子晶体的出现,使人们操纵和控制光子的梦想成为可能。

迄今为止,已有多种基于光子晶体的全新光子学器件被相继提出,包括无阈值的激光器、无损耗的反射镜和弯曲光路、高品质因子的光学微腔,低驱动能量的非线性开关和放大器,波长分辨率极高而体积极小的超棱镜,具有色散补偿作用的光子晶体光纤,以及提高效率的发光二极管等。

先进复合材料

在军事上的应用

材料的复合化是材料发展的必然趋势之一。复合材料是人们运用先进的材料制备技术将不同性质的材料组分优化组合而成的新材料。复合材料与其他单质材料相比，具有高比强度、高比刚度、高比模量、耐高温、耐腐蚀、抗疲劳等优良的性能，备受各国技术人员的重视。因复合材料具有可设计性的特点，已成为军事工业的一支主力军，复合材料技术是发展高技术武器的物质基础，是现代精良武器装备的关键。目前军用复合材料正向高功能化、超高能化、复合轻量和智能化的方向发展，加速复合材料在航空工业、航天工业、兵器工业和舰船工业中的应用是打赢现代高技术局部战争的有力保障。

在军事应用中结构复合材料与功能复合材料的应用是最广泛的。其中结构复合材料在军事领域的应用如下：

一、树脂基纤维复合材料

树脂基纤维复合材料是以纤维为增强体、树脂为基体的复合材料，所用的纤维有碳纤维、芳纶纤维、超高模量聚乙烯纤维等，基体一般为热固性聚合物和热塑性聚合物两类。

先进的树脂基复合材料具有优异的力学性能和明显的减重效果在飞机等现代化武器领域得到普遍应用，美国的 F-22 机身蒙皮全都是高强度、耐高温的树脂基复合材料，其中热固性复合材料用量高达23%。F-119 发动机用树脂基复合材料取代钛合金制造风扇送气机区，可节省结构重量 6.7 kg；用树脂基复合材料风扇叶片取代现在的钛合金空心风扇叶片，减轻结构重量的30%。先进树脂基复合材料还可用于制造飞机的"机敏"结构，使承载结构、传感器和操纵系统合为一体，从而可以探测飞机飞行状态和部件的完整性，自行调节控制部件，提高飞机的飞行性能，降低维修费用，保证飞机安全。树脂基复合材料的应用已由小型、简单的次承力构件发展到大型、复杂的主要承力构件；从单一的构件发展到结构/吸波、结构/透波、结构/防弹等多功能一体化结构。

聚氰酸脂基复合材料是先进树脂基复合材料的新类型，它的吸湿率低，具有优异的耐湿热性能，电性能尤其突出，主要用于雷达天线罩的制造。芳纶纤维增强树脂基复合材料可用于火箭固体发动机壳体；由于芳纶具有良好的冲击吸收能，已用于防弹头盔和防穿甲弹坦克；还可用作防弹背心的防弹插板，插于防弹背心的前片和后片，以提高这些部位的防弹能力；同时也是防弹运钞车装甲的首选材料。聚丙烯腈基复合材料具有强度高、刚度高、耐疲劳、重量轻等优点，美国的 AV–8B 垂直起降飞机采用这种材料后重量减轻了 27%，F–18 战斗机减轻了 10%。

二、金属基复合材料

金属基复合材料是以金属或合金为基体，含有增强体成分的复合材料。金属基复合材料弥补了树脂基复合材料耐热性差（一般不超过 300 ℃）、不能满足材料导电和导热性能的不足，以其高比强度、高比模量、良好的高温性能、低的热膨胀系数、良好的导电导热性和尺寸稳定性在军事工业中得到广泛应用。金属基体主要有铝、镁、铜、钛、超耐热合金和难熔合金等多种金属材料，增强体一般可分为纤维、颗粒和晶须三类。

未来高技术战争，首先是信息技术的战争，随着电子技术的进步，电子芯片的集成度将越来越高，这就要求电子封装材料必须满足芯片的散热问题，研究表明碳化硅颗粒增强铝基复合材料具有高导热性能和低热膨胀系数且价格便宜，

金属基复合材料

是一种非常有前景的电子封装材料。同时碳化硅颗粒增强铝基复合材料具有良好的高温性能和抗磨损的特点，可用于火箭、导弹构件，红外及激光制导系统构件，精密航空电子器件等。颗粒增强铝基复合材料已用于 F–16 战斗机代替铝合金，其刚度和寿命大幅度提高。奥格登空军后勤中心评估结果表明：铝基复合材料腹鳍的采用，可以大幅度降低检修次数，全寿命节约检修费用达 2 600 万美元，并使飞机的机动性得到提高。此外，F–16 上部机身有 26 个可活动的燃油检查口盖，其寿命只有 2 000 小时，并且每年都要检查 2～3 次。采用了碳化硅颗粒增强铝基复合材料后，刚度提高 40%，承载能力提高 28%，预计平均翻修寿命可高于 8 000 h，寿命提高幅度达 17 倍。颗粒增强金属基复合材料耐磨性极好，可作为火箭的飞行翼、箭头、箭体、结构材料，也可作飞机发动机中的耐热耐磨部件。

碳纤维增强铝、镁基复合材料在具有高比强度的同时，还有接近零膨胀系数和良好的尺寸稳定性，可成功地用于制作人造卫星支架、L 频带平面天

线、空间望远镜、人造卫星抛物面天线等。硼纤维增强金属基复合材料已用于制造 F-114、F-115 和幻影 2000 等军用飞机部件。碳化硅纤维增强钛基复合材料具有良好的耐高温的抗氧化性能,是高推重比发动机的理想结构材料,目前已进入先进发动机的试车阶段。世界上第一个在航空上应用的钛基复合材料的价格仍很昂贵,今后其用量的拓展将主要取决于成本的降低程度。在兵器工业领域,金属基复合材料可用于大口径尾翼稳定脱壳穿甲弹弹托,反直升机/反坦克多用途导弹固体发动机壳体等部件。

三、陶瓷基复合材料

陶瓷基复合材料是在陶瓷基体中引入第二相组元构成的多相材料,它克服了陶瓷材料固有的脆性,已成为当前材料科学研究中最为活跃的一个方面,由微米级陶瓷复合材料发展到纳米级陶瓷复合材料。陶瓷基复合材料的基体有陶瓷、玻璃和玻璃陶瓷,主要的增强体是晶须和颗粒。陶瓷基复合材料具有密度低、抗氧化、耐热、比强度和比模量高、热机械性能和抗热震冲击性能好的特点,工作温度在 1 250 ℃ ~ 1 650 ℃,可用作高温发动机的部件,是未来军事工业发展的关键支撑材料之一。陶瓷材料的高温性能虽好,但其

陶瓷基复合材料

脆性大。改善陶瓷材料脆性的方法包括相变增韧、微裂纹增韧、弥散金属增韧和连续纤维增韧等。

陶瓷基层状复合材料具有独特的力学性能和抗破坏能力,可望在高温和机械冲击下作为使用部件的表面材料,主要用于制作飞机燃气涡轮发动机喷嘴阀,在提高发动机的推重比和降低燃料消耗方面具有重要的作用。氧化铝纤维增强陶瓷基复合材料可用作超音速飞机、火箭发动机喷管和垫圈材料。碳化硅纤维增强陶瓷基复合材料不仅具有优异的高温力学性能、热稳定性和化学稳定性,韧性也明显改善,可作为高温热交换器、燃气轮机的燃烧室材料和航天器的防热材料。陶瓷基复合材料因其很高的使用温度(1 400 ℃ 甚至更高)和很低的密度(2 ~ 4 克/立方厘米),未来高推重比(15 ~ 20)发动机

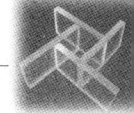

五花八门的新材料

涡轮及燃烧系统的首选材料,如用于 F-119 发动机矢量喷管的内壁板等。目前在使用可塑性方面还有些担心,因此只限用于少量非关键受力部件。

四、碳基复合材料

碳基复合材料是以碳为基体、碳或其他物质为增强体组合成的复合材料。主要的碳-碳复合材料是耐温最高的材料,其强度随温度升高而增加,在 2 500 ℃ 左右达到最大值,同时它具有良好在抗烧蚀性能和抗热震性能,可耐受高达 10 000 ℃ 的驻点温度,在非氧化气氛下其温度可保持到 2 000 ℃ 以上,已成功地用地导弹鼻锥、航天飞机飞锥和机翼前缘、火箭发动机喷管喉衬等部位。目前先进的碳-碳喷管材料密度为 1.87~1.97 克/立方厘米,环向拉伸强度为 75~115 兆帕,远程洲际导弹端头帽几乎都采用了碳-碳复合材料,美国战略导弹弹头的防热材料已由三向 C/C 发展为细编穿刺 C/C (端头部分)和 C/酚醛(大面积防热部分)。随着现代航空技术的发展,飞机装载质量不断增加,飞行着陆速度不断提高,对飞机的紧急制动提出了更高的要求,碳-碳复合材料质量轻、耐高温、吸收能量大、摩擦性能好,用它制作刹车片广泛用于高速军用飞机中。20 世纪 90 年代,德国与法国合作制成的"虎"式直升机旋翼桨毂由两块碳纤维复合材料星形板组成;美国的 RAH-66 "科曼奇"直升机身采用碳纤维复合材料;美国将火箭发动机金属壳体改用石墨纤维复合材料后其重量减轻了 38 000 千克,并大大降低了研制成本。

下面,谈谈关于功能复合材料在军事领域中的应用。

功能复合材料是指除力学性能以外还提供其他物理性能并包括化学和生物性能的复合材料。功能复合材料设计自由度大,按功能→多功能→机敏→智能的形式逐步升级。功能复合材料将具有电、声、光、热、磁特性的材料,按不同的应用进行组合匹配,得到不仅保持原有特性,还产生一些新特性或具有比原来更优越特性的材料。现代化高技术常规战争极大地提高了武器的对抗性、精确性、未来的智能武器、隐形武器、电子战武器、激光武器以及新概念软杀伤武器的设防、跟踪,使功能材料成为关键技术。目前,功能复合材料涉及面宽,下面就军事领域较常用的功能复合材料做一简单介绍。

一、隐身材料

隐身材料是实现武器隐身的物质基础。武器装备如飞机、舰船、导弹等使用隐身材料后，可大大减少自身的信号特征，提高生存能力。声隐身材料包括消声材料、隔音材料、吸声材料及消声、隔声、吸声的复合体，主要用于新一代潜艇。雷达隐身材料能吸收雷达波，使反射波减弱甚至不反射雷达波，从而达到隐身的目的。另外，一些由硅、碳、硼、玻璃纤维，以及某些陶瓷与有机聚合物构成的复合材料，有很高的机械强度，可用于制作部分结构件，如飞机蒙皮、雷达天线罩等，同时又具有隐身功能。

带有红外隐身材料的潜艇

红外隐身材料主要用于车辆、舰艇、军用飞机及其他军用设施，使这些装备和设施的红外辐射与背景基本达到一致，敌人的红外探测器难以分辨。用铝粉及含有2价铁离子的材料作为填充料，加到能透过红外线的黏结剂中，可构成红外隐身涂料。可见光隐身材料通常由铝粉、多金属氧化物粉和有机物复合而成或由掺杂的半导体材料构成，可形成与背景颜色相匹配的迷彩图案，满足可见光隐身的要求。激光隐身材料用来对抗激光制导武器、激光雷达和激光测距机，要求这些材料对激光的反射率低可吸收率高。对隐身材料来说，对某种探测手段的隐身性能好，往往对另一种探测手段的隐身性能就不好，即隐身材料的相容性问题。为解决以上问题，研制了兼容型隐身材料，如雷达波、红外兼容隐身材料，红外、激光兼容隐身材料，雷达波、红外、激光等多种兼容的隐身材料，这是当前隐身材料的发展方向。

应用于隐身的现代隐身技术，除了热红外线和自身电磁隐身外，主要使用新型吸波材料，即在飞机表面涂抹能大量吸收雷达波的新型介质材料，将雷达电磁波吸收，使雷达无法发现，纳米复合材料是隐身吸波材料研究的重要方向。为应付不同雷达的不同工作方式，现在的隐身飞机已经开始有选择地使用吸收材料。目前，美、英等国正进行主动抵消技术的研究，即利用吸收材料先吸收大部分雷达波，剩下的少量的反射波再利用主动抵消技术将其全部抵消，雷达就会完全失去作用。

二、智能材料

智能材料是把传感器、制动器、光电器件和微型处理机等埋在复合材料结构中,具有感知周围环境变化、针对这种变化具有自诊断功能、自适应功能、自修复自愈合功能且具有自决策功能的复合材料。智能材料成为当前研究的新热点。飞机上采用的智能结构是由各种智能材料制成的传感元件、处理元件和驱动元件组成的,而这三个组成部分相当于人的神经、大脑和肌肉。格鲁曼公司将光导纤维埋入树脂基复合材料制成机翼以提高飞机效率,这些光导纤维能像神经那样感知机翼上因气候条件变化而引起的压力变化,根据光传输信号进行处理后发出指令,通过驱动元件驱动机翼前缘和后线自行弯曲。驱动可通过电流由压电陶瓷变形来实现,也可通过磁场由磁致伸缩材料变形来实现或通过加热由形状记忆合金发生位移来实现,还可应用于无人飞机上。智能材料压电陶瓷制成的传感器和驱动器可解决机翼和尾翼的颤振问题,例如F/A-JSE/F垂尾的振动试验表明,振动减少了80%。智能材料还将在其他领域发挥它的聪明才智,例如美国正在制造一种小型智能炸弹,可使一架重型轰炸机同时精确攻击数百个独立目标,还准备给这种炸弹装上智能引信,巧妙地做到"不见目标不拉弦"。

在地面作战中,若要使坦克不被击中,除提高机动性能外,更重要的是发展"主动装甲",即能预先识别目标,并利用诱饵触发和物理摧毁方法,破坏来袭兵器的由复合材料制成的合成系统,即在复合装甲中引入敏感、传感、微电子等材料和技术而构成的多功能智能材料系统。将新的控爆材料,轻质多孔隔热、隔音、防火与防冲击材料用于坦克装甲车辆,就可以保证这些车辆中弹后能继续战斗。总之,智能材料虽然尚处于早期开发阶段,但正孕育着新的突破和大的发展。设计和合成智能材料需要解决许多关键技术问题,智能材料这一复杂体系的材料复合应能仿照生物模型,确保在设计的结构层次上将多种功能集于一体,建立起传感、驱动和控制网络,通过建立数学或力学模型,进一步优化。

在桥梁上的应用

复合材料在桥梁和承重结构中的应用不仅是可行的,而且具有广阔的发展前景。桥梁的技术进步总是和建桥材料的技术进步紧密相关的。复合材料所具有轻质、高强和耐腐蚀等特性，是其具有发展前景的基本条件。可以预计，在21世纪，随着复合材料的大规模生产以及生产成本的下降，其在桥梁领域的应用范围将逐步扩大。如果说20世纪是以钢铁和水泥为主要建桥材料的时代，那么21世纪将有可能成为复合材料逐步取代钢铁建桥的时代。

先进复合材料是未来桥梁主要材料

采用复合材料筋束做预应力混凝土桥梁的力筋或做斜拉桥的拉索（或吊拉组合结构中的部分吊索），最能发挥其优良特性，应当作为复合材料在桥梁中应用的重点。

在旧桥加固领域使用复合材料，所需费用不高，效果却可观，是值得首先推广应用的领域。

复合材料在桥梁梁体和柱体（含拱肋）中的应用，宜采用复合材料混凝土组合结构，以便充分发挥两种材料的优点，降低成本。北京密云公路桥已有成功先例。美国加利福尼亚大学提出的"先进复合材料斜拉桥系统"，也体现了这种构思。只有超长跨径的桥梁，对减轻自重有特殊要求，其上部结构可全部采用复合材料，但要对桥面结构做特殊研究。

复合材料是突破桥梁跨径纪录的理想材料。

在航天上的应用

火箭发动机是发射各种弹道导弹和航天飞行器的主要动力，是发展航天产业的基础。"发展航天，动力先行"是航天系统工程的标志之一，无论是固体火箭发动，还是液体火箭发动机，都是用飞行器自身携带的推进剂作为工质，通过能量转换，把不同形式的能源中释放的能量转化为动能而产生推力。因此，不断提升能源物质的能量和减轻发动机自身的重量成为航天动力系统发展的两条主线，从而带动了高性能复合材料技术的发展和在航天领域的应用，包括高性能树脂基结构复合材料、高温抗烧蚀复合材料等。

五花八门的新材料

固体火箭发动机以其结构简单、机动、可靠、易于维护等一系列优点,广泛应用于武器系统及航天领域。而先进复合材料的应用情况是衡量固体火箭发动机总体水平的重要指标之一。在固体发动机研制及生产中,尽量使用高性能复合材料已成为世界各国的重要发展目标,目前已拓展到液体动力领域。科技发达国家在新材

先进复合材料——航天动力的基础

料研制中坚持需求牵引和技术创新相结合,做到了需求牵引带动材料技术发展;同时,材料技术创新又推动了发动机水平提高的良性发展。目前,航天动力领域先进复合材料技术总的发展方向是高性能、多功能、高可靠及低成本。

作为国内固体动力技术领域专业材料研究所,西安航天复合材料研究所在固体火箭发动机各类结构、功能复合材料研究及成型技术方面具有雄厚的技术实力和研究水平,突破了国内固体火箭发动机用复合材料壳体和喷管等部件研制生产中大量的应用基础技术和工艺技术难关,为国内的固体火箭发动机事业作出了重要的贡献,同时牵引国内相关复合材料与工程专业总体水平的提高。建所以来,先后承担并完成了通讯卫星"东方红二号"远地点发动机、气象卫星"风云二号"远地点发动机、多种战略战术导弹复合材料部件的研制及生产任务。目前,西安航天复合材料研究所正在研制多种航天动力先进复合材料部件,研制和生产了载人航天工程的逃逸系统发动机部件。

国外复合材料导弹发射筒在战略、战术型号上广泛采用,如美国的战略导弹"MX导弹"、俄罗斯的战略导弹"白杨M"均采用复合材料发射筒。由于复合材料发射筒相对于金属材料而言,结构重量大幅度减轻,使战略导弹的机动灵活成为可能。在战术导弹领域,复合材料导弹发射筒的应用更加普遍。

在航天动力领域,先进复合材料起着重要的作用。当前,复合材料技术的快速发展,使研制和应用高性能结构复合材料、结构/功能一体化的高温烧

蚀防热材料成为可能，先进的复合材料技术将给动力系统的研发提供强有力的技术支持，使发动机性能获得新的飞跃，将对我国航天事业的飞跃发展具有举足轻重的作用。

生态环境材料

20世纪90年代初，在可持续发展理论和应用的推动下，国际材料界出现了一个新的领域——生态环境材料，在这种材料的研究和开发的过程中，既要追求良好的使用性能，又要深刻认识到自然资源的有限性和尽可能降低废弃物排放量，并在材料的提取、制备、使用直到废弃与再生的整个过程中都尽可能地减少对环境的影响。

这种材料是具有环境意识、考虑环境、考虑生态学的材料，它在生产的过程中对资源和能源的消耗量比较少，废弃后能够回收再生利用的可能性比较大，其从生产使用到回收的全过程对周围的生态环境的影响也最小。因而它可以称为"绿色材料"或者"生态材料"。

生态环境材料的研究内容比较广泛，归纳起来可以概括为材料的环境协调性评价、生态环境材料的设计、材料在制备加工中的环境协调技术（包括零排放和零废弃加工技术）以及材料在使用过程中的环境协调性技术（如制备环境协调性制品）等等。具体从材料的性能上来说，主要包括以下几个方面：

（1）再生利用型材料，包括再生的可以降解的塑料、在家用电器中能够加以回收利用的电路基板，在生产和使用过程中污染较少并且能够回收再生的纸张等。

（2）能够经自然界微生物分解或者能够自动降解的材料，如新型的包装袋、由天然材料加工成的高分子材料等。

（3）为净化环境和防止污染而设计的材料，如新型的不释放有害气体的墙体材料、高吸油性树脂等。

（4）替代传统有污染的材料的新型材料，如冰箱内的全无氟制冷剂等。

（5）与洁净能源相关并且能够利用它们的材料，如燃料电池中的储氢材料。

长期以来，人们忽视了材料的开发和应用必然受到生态环境的影响和制约。

五花八门的新材料

到目前为止，关于生态环境材料尚没有一个为广大学者共同接受的定义。最初，一些学者认为生态环境材料是指那些不仅具有优异的使用性能，而且从材料的制造、使用、废弃直到再生的整个生命周期（life cycle）中必须具备与生态环境的协调共存性以及舒适性的材料。

经过一段时间的发展，一些学者认为，生态环境材料是赋予传统结构材料、功能材料以优异的环境协调性的材料或者指那些直接具有净化和修复环境等功能的材料，即生态环境材料是具有系统功能的一大类新型材料的总称。还有一些专家认为，生态环境材料是指同时具有优良使用性能和最佳环境协调性的一大类材料。

根据大部分人的理解，生态环境材料的概念可以概括为：生态环境材料是指在加工、制造、使用和再生过程中具有最低环境负荷、最大使用功能的人类所需材料。既包括经改造后的现有传统材料，也包括新开发的生态环境材料。特别值得注意的是生态环境材料的概念或定义应当是确定的或不变的，而判别环境材料的标准是随科学技术的进步而发展或变化。当所有的材料都"生态环境材料化"了的时候，那么生态环境材料这个术语也就完成了它的使命。

生态环境材料的三个特点：

（1）先进性。能为人类开拓更广阔的活动范围和环境，发挥其优异性能。在发展新材料、新技术体系时，既要考虑到技术环境负担的大小、材料本身对环境的污染程度，又要顾及材料使用时的传统性能（材料的先进性），在要求优异的使用性能这一点上，新材料与传统材料是相同的。

（2）环境协调性（优先争取的目标）。使人类的活动范围同外部环境协调，减轻地球环境的负担，使枯竭性资源完全循环利用。在材料的生产环节中资源和能源的消耗少，工艺流程中采用减少温室效应气体的技术，废弃后易于再生循环。材料及技术本身要具备环境协调性，这是区别于传统材料观念而增加的概念。

（3）舒适性。使活动范围中的人类生活环境更加繁荣、舒适，人们很乐于接受和使用。

关于生态环境材料的先进性、舒适性，不同人有不同理解，在实践中难以判断与把握，它只是一个定性的标准，因此认为环境材料的特征可以具体改为功能性、经济性和环境协调性等。这有利于环境材料的评判，也符合现实情况。

在众多生态环境材料中,最具代表性的要数可降解塑料。20 世纪 80 年代,意大利卡多内格市的市长张榜宣告:该城将禁止使用包装用的塑料袋和塑料瓶。接着,丹麦宣布完全停止生产聚氯乙烯塑料(制造塑料袋的主要材料),德国禁止使用塑料包装,瑞士和奥地利将出台有关法规,意大利已实行塑料袋生态税每只 8 美分……一个反对和禁止使用塑料包装的浪潮已在世界各国兴起。这是消除白色污染、保护生态环境、造福子孙后代的大事,已引起人们的普遍重视。

使用塑料食品袋或泡沫塑料饭盒对人体健康会产生不利影响,这已为科学家所证实。这是因为用塑料制品密封包装食物时,塑料释放出来的有害气体将在密封袋或盒中长期积聚,浓度也随着密封时间的增加而升高,从而使食物受到不同程度的污染。因此,塑料薄膜不能用来包装奶酪和熟肉等高脂肪食品,更不能用来包装温度很高的熟食品。实际调查表明,从 1987 年以来,人们对塑料食品包装物中所含的化学物质的摄入量增加了 30 倍。更使人们担忧的是,塑料被丢弃到自然界后需经过 200 年才会分解。由于它不吸水,破坏土壤结构,因而对土地资源是个严重威胁。而野生动物误食塑料袋还会造成死亡。不仅如此,塑料还是个白色污染源。每当大风刮起,人们就会看到废弃塑料袋和塑料饭盒满地滚动,随风飞舞,污染环境卫生。

废弃的塑料包装耐酸耐碱,不蛀不霉,把它埋入地下上百年也不会腐烂,已经成为严重的公害。面对这种危害日益加剧的情况,美国一些州于 20 世纪 80 年代中期立法规定食品包装物和容器必须使用可降解的塑料制造,以便使那些流失的塑料能在较简单的自然和人工条件下溶化、腐烂掉。与此同时,许多国家的科学家也都在积极研究开发容易分解和腐烂的可降解塑料,以消除不断蔓延的白色污染。塑料之所以如此顽固不化,来源于它本身的化学结构。普通的合成塑料是由不断重复的碳氢分子长链组成的,这些长链结合得十分牢固。因而使得许多溶液和微生物对它无计可施,束手无策。

因此,科学家们长期以来就想寻找一种既可减弱塑料分子长链的牢固性,又不降低塑料本身强度的办法。经过不断的努力,目前已出现了这样几种类型的可降解塑料,如生物降解塑料、化学降解塑料和光照降解塑料等。

生物降解塑料是一种能被土壤中的微生物和酶分解掉的塑料,也就是像植物一样能自然腐败的合成物。通常,最简单的办法是在塑料中添加淀粉,

五花八门的新材料

以削弱和破坏分子长链的结合力，使其达到微生物能消化分解的程度，最后将它分解成水和二氧化碳。

美国农业部采用的方法是在塑料中加入40%～50%的凝胶状淀粉；而美国另一家公司则加入经有机硅耦联剂处理后的淀粉和少量玉米油不饱和脂肪酸作为氧化

生物降解塑料粒子

剂。这些塑料在堆肥条件下经过3～5年后才能分解。显然，它们的成本高、降解期长，难以普遍使用。美国林业部研制的可降解塑料，是在塑料中添加有淀粉的聚乙内酰胺。这种塑料曾用来制作树苗保护套，移苗时连同树苗一起埋入土内，第二年树苗根部生长时，塑料套即在土中溶解掉。看来，这种可降解塑料的使用效果还是不错的。美国氨腈公司制成一种可降解塑料手术线，这种聚乙醇酸盐线在人体内3个月后消失，变成水和二氧化碳，在土壤中消失得更快。然而，这些材料的成本太高，已是普通塑料价格的30倍左右。因此，科学家们正在利用像谷壳、木浆纤维素等天然废料来研究开发生物降解塑料，以便降低生产成本。

韩国则另辟蹊径，利用遗传工程大批量生产可完全分解的塑料。韩国科学技术院生物工程研究中心采用遗传基因再组合的方式，以大肠杆菌生产出高分子塑料，这种塑料在自然界里能完全分解，并已在英国、德国和日本等国作为一次性包装袋和医疗用材料使用。但是，它的价格过高，达1千克16～20美元，因此没有得到普及使用。人们已对这种生产方法进行改进，有可能使价格降低到1千克4美元。这种塑料的具体生产方法是：从生产效率高的高分子细菌中得到高分子遗传基因，移植到大肠杆菌中，待大肠杆菌大量繁殖后，再把大肠杆菌所聚积的高分子分离出来，用来制造塑料。在生产中起初大肠杆菌变得很长，后来利用遗传工程解决了这个问题。现在，利用廉价的原料就可以生产出效能很高的可分解的塑料了。

生产化学降解塑料，通常加入的是由淀粉包裹的能促进降解的聚合物和玉米油一类的氧化剂，因而成本较低。用这种塑料制成的包装物被埋在土里后,细菌会吃掉其中的淀粉,剩下千疮百孔的网状物。随后,塑料中的氧化剂与土壤里的盐和水发生作用,产生氧化物,对残留在塑料中的分子链进行破坏。在理想的情况下,半年左右塑料就会分解成粉末状,几年后完全分解,完成化学降解过程。

光照降解塑料中含有能吸收阳光紫外线的羟基,依靠紫外线来破坏塑料中结实顽固的分子链,从而使塑料变脆和崩解。现在有些食品包装袋和瓶罐就使用这种塑料制成,它的分解腐烂过程同化学降解塑料一样,也会留下一堆残渣,需要好几年才能完全降解掉。

需要说明的是,上面所说的这些可降解塑料都要求适当的分解腐败的环境,如生物降解塑料和化学降解塑料必须埋入土中或沉入水中,才能保证细菌存活,进而完成降解过程。

目前,研究开发可降解塑料的国家主要有美国、英国、日本、韩国等。英国已形成年产上万吨的规模,预计到21世纪初可达到年产数十万吨。不过,所生产的可降解塑料的成本太高,每磅(0.45千克)成本约15美元,比普通塑料高8~10倍,因而只能限于如手术用线一类特殊用途使用。英国生产可降解塑料的主要厂商帝国化学工业公司正努力将成本降低到每磅1.5~2美元,并将这种塑料应用到一次性尿布、伤口绷带等方面。

我国一些城市已开始限制和禁止使用塑料包装袋和一次性饭盒,除了积极开发纸质代用品外,也在研究开发可降解塑料,以便尽快地消除危害环境卫生的白色污染,保障人们身体健康。

奇妙的导电塑料

塑料本来是一种广泛使用的不导电绝缘材料,可是一旦能导电就如虎添翼。20世纪80年代初期,导电塑料还是实验室里的"娇儿",如今已走向社会大显神通了。

说来有趣,导电塑料是在实验失误中偶然发现的。那是1970年的一天,日本筑波大学的白川

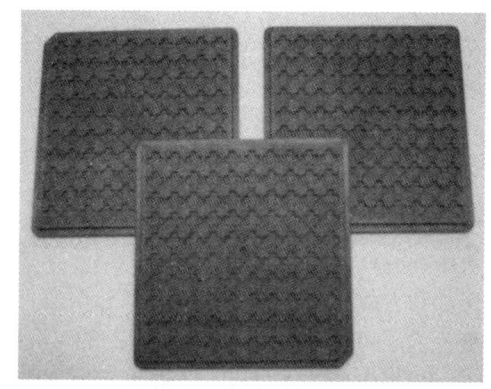

奇妙的导电塑料

五花八门的新材料

教授在指导学生做用乙烯气制取聚乙炔的实验时,学生误将比实际需要量多1 000倍的催化剂加入试剂中,结果得到的不是应得到的黑色聚乙炔粉末,而是一种银光闪闪的薄膜。与其说它是塑料,不如说更像金属。后来,白川教授和美国科学家一起研究这种塑料薄膜的发现,使研究更深一步,经过往塑料中掺入碘后它居然能导电,而且电导率增加了3 000万倍。尽管如此,它的导电能力只和金属铅一样,或者说仅是铜和银的1%。不过,塑料从不导电到能导电,本身就令人惊奇了,更不用说它还有着不凡的本领呢!

后来,人们在研究中发现,除聚乙炔外,还有一些高分子聚合物如聚苯硫醚、聚吡咯、聚噻吩、聚噻唑等加入掺杂剂后也可成为导电塑料,使导电塑料的成员不断增加,也就更引起了人们的注意。

导电塑料的应用,首先是从塑料电池开始的,也是最早从实验室走进市场取得成功的产品。美国科学家布里奇斯通和日本精工埃普森公司合作研制成一种导电塑料电池,这种电池的一个电极是金属锂,另一个电极是聚苯胺导电塑料。它的大小与硬币相似,可以多次反复充电,具有很长的使用寿命,常用作电子计算机的辅助电源。而德国研究开发的一种薄型挠性塑料电池,只有明信片那样大,适合作为手提式工具的电源。

普通电池和早期生产的塑料电池的阴极和阳极是采用不同材料制成的,经过几次充电后,在电极表面容易形成覆膜,使电池效率降低和失效。后来,人们对塑料电池进行了改进,将阴极和阳极改用相同的导电塑料薄膜制作,结果经过多次充电和放电后,电极依然完好如初,而且充电次数可达1 000以上。实际使用表明,塑料电池不仅体积小、重量轻、使用方便,而且能提供相当于普通铅蓄电池10倍的电力。

对塑料电池最感兴趣的当属汽车工业。因为人们早就希望用蓄电池作动力来代替污染严重的内燃机。然而,普通的蓄电池车由于太笨重和性能不可靠而无法推广使用,只能在车间或码头、车站承担短途运输任务。塑料电池问世后情况就大不一样了,它小巧灵活,可以制成薄板状装在汽车的车顶或车门夹层里,而在汽车内的发动机位置上只需装一台高效的电动机,便可使汽车的加速性能和爬坡性能大大改善。此外,塑料电池是密封的,不会释放有害的化学物质和气体,因而这种蓄电池车是一种无公害的小汽车,有利于人体健康和保护生态环境。

导电塑料不仅能制成使用方便的充电塑料电池,而且还可用来制作塑料电容器。它们将广泛用在电子计算机和摄像机、录像机中,以代替现在使用的较笨重的镍镉蓄电池。如果将导电塑料喷涂在电子仪器和计算机的外壳上,可以吸收电磁辐射的能量,防止电磁干扰,保证计算机和仪器正常工作;若将导电塑料喷涂到军事上急需用的全塑飞机上,就能消散积聚在飞机上的电荷,避免飞机遭雷击破坏,从而使重量很轻的全塑飞机早日得到实际应用。

用导电塑料制成的一种特殊薄膜,在太阳光照射下呈透明状,能强烈吸收太阳光中看不见的红外线热量。若将这种薄膜用在汽车上,就能使暴晒在日光下的汽车内凉爽宜人;如果将它用在房间门窗上,通过薄膜透光能力的变化来控制吸收太阳光的热量,使房间冬暖夏凉,节省大量能源。

导电塑料还有一个特殊性能,这就是当用电化学方法对某些导电塑料掺进杂质和不掺进杂质时,它的体积就能发生膨胀和收缩的变化,因而可用来制作机器人的肌肉。将导电塑料装在机器人的四肢上,当四肢随导电塑料的膨胀和收缩而运动时,就像机器人的肌肉在用力一样。

目前,在欧洲、美国和日本的一些实验室里已制成一系列导电塑料器件,如二极管和晶体管等。由于导电塑料的导电性跨越了绝缘体、半导体和导体三种状态,即它可以是不导电的绝缘体,也可以是半导体或者像金属一样的导体,因而在使用中选择的余地就大,应用面较广。

气凝胶

最近英国科学家表示,他们研发出的一种神奇材料将改变整个世界,因为这种材料可以用来保护住宅避免炸弹袭击,也可以吸收原油溢出,甚至还可以用作探测火星时使用的宇宙太空服。

神奇的"冰烟"——气凝胶

气凝胶,是地球上最轻的固体,可以抵挡1千克炸药直接爆炸的力量且能经受超过1 300摄氏度的高温喷射。目前,科学家正在研究这种物质新的应用领域,从下一代网球球拍到人类登陆火星穿的超级

五花八门的新材料

绝缘太空服。

可以说,气凝胶的重要性将有望并列于前一代的神奇材料。比如20世纪30年代酚醛塑料、20世纪80年代的碳纤维和20世纪90年代的硅树脂。美国西北大学的化学教授莫科瑞·卡纳茨迪斯称,"这是一种神奇的材料,它的密度是人类现今发现的材料中最低的,同时还具有许多用途。我能看到,气凝胶将会应用于过滤污染水,绝缘高温等方面"。

气凝胶,也被人们称为"冰烟",是将硅胶快速萃取出水分,随后与二氧化碳替换而成。因此,气凝胶能抵抗高温和吸收类似原油的污染物质。

气凝胶是美国化学家于1931年研制的。由于早期版本的材料脆弱且昂贵,因此最初研制的气凝胶仅供实验室研究。直到几十年之后,美国宇航局开始对这种材料感兴趣,这一物质也因此变得越来越实用。

1999年,美国国家宇航局的"星尘"号飞船正带着气凝胶在太空中执行一项十分重要的使命——收集彗星微粒。2006年,"星尘"号飞船已带着人类获得的第一批彗星星尘样品返回地球。

2002年,美国国家宇航局创立的As Pn Aerogel公司推出了更坚固、更柔韧的气凝胶版本。现在这种物质已经用来放置在太空服当中,充当隔热里衬,这种新的太空服将用在2018年人类飞向火星的探索计划当中。该公司一位资历较深的科学家马克·克拉耶夫斯基认为:"18毫米厚的一层气凝胶将足够保护宇航员抵御零下130 ℃的低温。"

气凝胶也正在被试验用于未来的房屋防弹设备和军用车辆的盔甲。科学家已经在实验室研制出了一块镀了6毫米厚的气凝胶金属板,并能成功抵挡炸药直接爆炸的力量而没有任何破坏。

生态危机

生态平衡是生态系统的一种相对稳定状态。当处于这一状态时,生态系统内生物之间和生物与环境之间相互高度适应,种群结构和数量比例长久保持相对稳定,生产与消费和分解之间相互协调,系统能量和物质的输入与输出之间接近平衡。

不过生态系统的调节能力是有一定限度的。当外界干扰压力很大,使系统的变化超出其自我调节能力限度,此时生态平衡就会失调。当威胁到人类的生存时,称为生态危机。生态平衡失调起初往往不易被人们觉察,如果一旦出现生态危机就很难在短期内恢复平衡。也就是说,生态危机并不是指一般意义上的自然灾害问题,而是指由于人的活动所引起的环境质量下降、生态秩序紊乱、生命维持系统瓦解,从而危害人的利益、威胁人类生存和发展的现象。